恋する いきもの図鑑

監修
今泉忠明

KANZEN

はじめに

ゴリラのすむアフリカ中部の森には、よく似たチンパンジーもいますが、雑種はできません。雑種ができない仕組みのひとつは、動物の種類によって求愛の仕方がちがうことです。求愛の仕方は一種の言葉で、同じ仲間にしか通

じません。だから雑種ができないのですね。この本には動物たちのさまざまな求愛方法が書かれています。おかしなもの、奇妙なものなどいろいろですが、どうしてそんな求愛方法が発達したのか、考えながら読むときっと新しい発見があるはずです。

今泉忠明

恋するいきもの図鑑 もくじ

第1章 なかよしに恋する

- はじめに … 2
- 恋するいきものたち。進化ってなあに？ … 8
- ページの見方 … 10
- **ハイイロオオカミ**の求愛行動はまるでストーカー … 13
- **リカオン**のリーダーのメスは絶対的な女王の立場 … 16
- **フェネック**のカップルはすきがあればイチャイチャ！ … 18
- **キリン**は首を巻きつけて大好きな気持ちを伝える … 20
- **タヌキ**のオスは超「イクメン」めちゃくちゃがんばるお父さん … 22
- ケンカはすべて愛で解決!?ちょっと変わった**ボノボ**の愛情 … 24
- **キンシコウ**は助け合いながらみんなでなかよく暮らす！ … 26

第2章 プレゼントで恋する

- とってもおアツい**コツメカワウソ**の求愛 … 28
- 結ばれると性格がひょう変！**プレーリーハタネズミ**の恋 … 29
- **フンボルトペンギン**のあまりに激しすぎる恋ダンス … 30
- 子育ての時期は全員集合！**ロイヤルペンギン** … 32
- **イワトビペンギン**だらけの島 … 34
- 浮気ダメ！ぜったい!!**クロコンドル**の「監視社会」 … 35
- **ハクトウワシ**は命がけの回転で一生の伴侶を見つける … 36
- 巣からピョコピョコ！**ロウソクギンポ**は体でアピール … 38
- 声の大きさがひけつ！ … 39
- 恋の季節には黒くなって枝を渡しあう**トキ** … 42
- **アデリーペンギン**は小石を宝石のようにプレゼント … 44
- 少しでもいいプレゼントを！ハチをみつぐ**ヨーロッパハチクイ** … 46

第3章 アピールで恋する

キムネコウウョウジャクは
作った巣を見せてプロポーズ………48

アオアズマヤドリはモテる
ためにオシャレな舞台を作る………49

海のなかの芸術家
アマミホシゾラフグの求愛アート………50

恋するイトヨにとって
赤いヤツらはすべて敵！………52

ガガンボモドキの愛は
食べものの大きさできまる！………53

恋するジャガーは
子ネコのようにカワイイ………56

アルパカのオスは好きな子の
前でカッコつける………58

恋人がほしいスナネコは
いつもより大きな声で鳴く………60

アフリカタテガミヤマアラシの
針毛は戦いでも恋愛でも大活躍………62

いろいろな行動で求愛する
オグロプレーリードッグ………64

シロサイのカップルは
追いかけっこが大好き………66

ズキンアザラシのオスは
鼻の風船でモテ度が変わる………68

フェレットのダンスは
〝嬉しい〟や〝楽しい〟のサイン………70

マーゲイは木登り上手な
ハンターでモノマネも得意！………71

恋の季節になると鳴いたり
おどったりするホッキョクギツネ………72

キタキツネのオスとメスは
遊びながらなかよくなっていく………73

巣作りの天才アメリカビーバー………74

プロポーズの決め手はニオイ！
背中を木にこすりつけるヒグマ………75

じつは求愛行動という説も!?
カバのオスは口を開けて
メスにプロポーズ！………76

ヘラジカのオスはメスの想いを
ツノでしっかりキャッチ………77

ハシビロコウはていねいに
頭を下げて愛を告白………78

カップル成立後も求愛している
カワラバトのオスは浮気性？………80

キレイな飾り羽をもつ
クジャクはモテモテ！………82

5

オシャレなえりまきでアピールする**エリマキシギ** ... 84

アオアシカツオドリは足が青いほどカッコいい ... 86

恋人がほしい**コウテイペンギン**は鳴いたりおじぎしたり大いそがし！ ... 88

ホオジロガモはイナバウアーで愛の言葉をささやく!? ... 89

ジュウニセンフウチョウのオスはお尻の羽でメスにアピール ... 90

アカカザリフウチョウのメスはオスのド派手な体にメロメロ！ ... 91

恋の季節は甘えん坊になる**ワシミミズク** ... 92

ペアでデュエットをする**アフリカオオコノハズク** ... 93

恋する**ダチョウ**のオスはキモかわいいダンスをおどる！ ... 94

エミューは気になる相手にカゲキなダンスをひろうする ... 95

モズのキュートなダンスは人間すらとりこにする ... 96

コトドリは得意のモノマネでメスのハートをキャッチ ... 97

第4章 肉食系女子 が恋する

セイキチョウのオスは愛のタップダンスをおどる！ ... 98

ノガンのオスは告白前に体のなかからキレイにする ... 99

恋をする**パンサーカメレオン**は体の色が変わる！ ... 100

アノールのノドについている大きな袋はできる男の証 ... 101

インドハナガエルのオスは地面のなかでプロポーズ ... 102

ミヤケテグリは背ビレで気持ちをアピール ... 103

モーニング・カトルフィッシュのオスは変身でライバルを出しぬく！ ... 104

ゲンジボタルはお尻の光で恋の待ち合わせ場所を教える ... 106

タコはじまんの吸盤で愛を吸い付ける ... 107

サーバルのメスはオスのなわばりに入って結婚相手を探す ... 110

ライオンのオスはメスのきげんとりと戦いに大いそがし ... 112

第5章 激しく恋する

ブチハイエナのメスは
気に入ったお相手を選びほうだい ……114

タマシギのメスは恋多き女
オスはまじめなイクメン ……116

イワヒバリのメスは群れのオス
みんなにプロポーズしちゃう ……118

タツノオトシゴは
オスが子どもを産む!? ……120

ラッコはかわいくて人気者だけど
プロポーズは乱暴でドン引き ……124

アカミミガメのオスはメスの顔を
ビンタして愛を確かめる ……126

シロワニのオスはかみついて求愛
モテる女はボロボロ ……128

ズワイガニのオスはメスをつかんだ
手でライバルをなぐる ……130

ダイオウサソリのオスは
ゆうがなダンスでメスを誘う ……132

オオカマキリのオスにとって
求愛行動は命がけの大仕事 ……134

クロゴケグモのプロポーズ
足をさわってごきげんうかがい ……135

第6章 フシギに恋する

アライグマのカップルは
ほとんど確実に子どもができる ……138

ニホンツキノワグマのオスは
たまに返り討ちにあう ……140

アラビアオリックスは
お互いのお尻をかぎまくる ……142

マダラアグーチのオスは
おしっこで愛を告白! ……144

ガーターヘビの集団結婚式
命がけでほかのオスと競争する ……146

ビワアンコウのオスの
恋の始まりは命の終わり ……148

ヒゲダニのメスは
自分でだんな様を産む ……150

結局のところ（結論） ……152

さくいん ……154

7

恋するいきものたち

恋をするのは人間も動物も同じ

あなたはほかの異性のことが気になって胸がドキドキしたり、相手のことで頭がいっぱいになったりしたことはありませんか？もしかしたら、それは恋をしているのかもしれません。人は恋をすると、いろいろな行動で相手の注意を引いたり、自分のよいところを知ってもらって、自分のことを好きになってもらおうとするものです。

人間たちの恋

カッコよさをアピール！

思い切って告白！

恋をした人間は、なんとかして相手にも自分のことを好きになってもらおうとします。さまざま。うまく相手となかよくなれそうなら、気持ちを伝えてめでたくカップルになれることもあるでしょう。こうした方法は勉強やスポーツが得意なところを見せたり、かわいらしさをアピールしたり、相手にやさしくしてあげたりとじつに法に正解なんてありませんが、人はみんな考え、悩みながら恋を実らせようとするのです。

じつは人間と同じように、イヌやネコ、鳥、魚などの動物たちも恋をします。動物たちもまた、自分のことを好きになってもらうために、さまざまな方法で気持ちを伝えようとするのです。その方法は人間から見てもステキなこともありますが、なかにはどこに相手に好かれる要素があるのか、さっぱりわからない行動も見られます。でも、彼らはいつだって大まじめ。恋を実らせるためにいっしょうけんめいになるのは、人間も動物も同じなのです！

動物たちの恋

動物たちも異性に恋をして、それを実らせようと努力しています。プレゼントをする、自分の強さや美しさをアピールするなど、求愛行動にはいろいろな形があります。求愛行動を「求愛行動」と呼ばれています。人間の場合は人によっていろいろな方法を選びますが、動物たちの場合は種類ごとにだいたい同じ方法をとることが多いです。動物たちのこうした行動について知ると、その動物にもっと興味がわくかもしれませんよ。

これも、これもあげる！

プレゼント大作戦！

このトゲトゲが愛の証さ！

強さやキレイさで魅了！

進化ってなぁに?

進化するってどういうこと?

現在、地球上には人間をはじめ、さまざまないきものがすんでいます。いきものたちはそれぞれちがった姿、生き方をしていますが、これはそれぞれのいきものが何千、何万年もかけて環境に適応することによってできたちがいです。進化とは、環境に適した
ものが生き残った結果、姿や能力が変化したことをいうのです。

モエリテリウム

↓

アフリカゾウ

進化の例

ゾウ

今から3500万年ほど前の時代、ゾウの仲間は今よりずっと体が小さくブタやカバに似た姿でしたが、時代が流れるにつれて体が大きくなりました(すむ場所が森から草原に変わったことが原因のひとつといわれています)。でも、大きな体は地面に生えた草を食べたり水を飲むのに不利だったので、鼻が長くのびて人間の手のようにいろいろな役目をはたせるようになったものが生き残ったのです。

進化しても絶めつするの？

絶めつとは、その種類のいきものが1体もいなくなってしまうことをいいます。じつはこれまでに地球上にあらわれたいきもののほとんどは、絶めつしています。せっかく進化して便利な体や能力を手に入れたのに、なぜ絶めつするのでしょう？

進化とは環境に適したものが生き抜くことですから、火山の爆発や大地震、いん石のしょうとつなどで新しい環境が急にできると、古い世界に適応していたものはうまく生きられずにほろんでしまうのです。また、現代では人間によって狩りつくされたり、生活の場をこわされて絶めつするいきものも少なくありません。

人間にできることって何かある？

いきものが絶めつするおもな原因は、急な環境の変化にあります。人間も、いつか絶めつするかもしれません。そうならないよう、みんなで地球の環境を守ることが大切です。

生き残るのは "運" 次第!?

恐竜

ニホンオオカミ

恋するために進化する!

いきものは、生きるためにより便利な体や能力を手に入れることができなかったものは生存競争に敗れ、絶めつします。これには恋を実らせることもふくまれています。すべてのいきものは、自分の子孫を残して種を栄えさせるように遺伝子に組み込まれています。恋のバトルに勝つのは生きのびることと同じくらい重要なことです。「適したものが生き残る!」のが当然のことなのです。

恋のバトルに勝つために!

ボクのお姫さまはどこかな!?

ヘラジカ
恋のひけつは立派なツノ!

ヘラジカのオスは進化して大きなツノを手に入れました。オスはこのツノをぶつけて力くらべをして、強いものがメスにプロポーズする権利を得ます。

クジャク
美しい羽で視線をくぎづけ!

どうだい!? ボクの羽!!

クジャクのオスの飾り羽も、メスを誘うために進化したものだといわれています。長くきれいな羽をもつオスが、より多くのメスにモテるようです。

ページの見方

❶ラブラブ度
このページで紹介しているいきもののカップルがどのくらいなかよしなのかを示す度合です。

❷説明
いきものの求愛行動についての説明です。

❸親愛の時期＆とくちょう
求愛行動の時期と、それをするようになる（性成熟）までにかかる年月を示しています。

❹名前
いきものの名前です。

❺生息地
いきものがすんでいる地域、国名です。

❻大きさ
いきものの体の大きさです。全長はしっぽをふくめた体全体の長さ、体長はしっぽをのぞいた体の長さを示してします。

❼分類
どういった種類のいきものの仲間であるかを示しています。

❽イラスト
いきものの求愛行動の様子を示したイラストです。

よし

うらやましくなるくらい、なか
よしのカップル。この章では
そんないきものたちを紹介し
ます。愛情表現が激しすぎて、
ちょっとはずかしくなるいきも
のもいるかも？

第1章

なか
恋にする

ハイイロオオカミの求愛行動はまるでストーカー

こわそうなのにほんとはあまえんぼうなの？

オオカミはおもに家族からなる「群れ」をつくって生活しています。求愛の時期になると、オスのオオカミはいつもいっしょにいるメスにさまざまなアピールをします。あとをしつこく追いかけたり、目の前であおむけになって転がったり。でも、メスはなかなか相手にしてくれません。

このアピールは数週間、長いときには数か月も続きます。やっと告白が受け入れられて思いをとげると、お互いによりそって毛づくろいをしたり、食べ物をプレゼントしたりと、夫婦のきずなをさらに強くするのです。

親愛の時期
1〜3月

親愛のとくちょう
生後2年以上で性成熟する

- 名前：ハイイロオオカミ
- 生息地：ユーラシア、北アメリカ
- 大きさ：全長 80cm〜160cm
- 分類：ほ乳類

リカオンのリーダーのメスは
絶対的な女王の立場

第1章 なかよしに恋する

赤ちゃんをとりあげるなんてかわいそうじゃない?

アフリカにすむリカオンは人間にまけないくらい社会的で、いっしょに暮らす仲間のなかにきびしい順位があり、おもにいちばん年上のメスリカオンがリーダーになります。

いっしょに暮らす集団で子どもを産むのはリーダーのメスと少し順位が高いメスだけで、生まれてきた赤ちゃんは仲間みんなで育てます。

しかし、順位が低いメスの子どもはたいへんです。リーダーのメスが赤ちゃんをうばったり、ひどいときは殺してしまうこともあるからです。順位が低いリカオンの子育ては、かなりハラハラものなのです。

♥親愛の時期
　生息地によって異なるが年に1回

♥親愛のとくちょう
　生後1年半～2年で性成熟する

♥名前：リカオン
♥生息地：アフリカ（サハラ砂漠以南）のサバンナ
♥大きさ：全長 76cm ～ 112cm
♥分類：ほ乳類

ラブラブ度 ♥♥♥

フェネックのカップルは
すきがあればイチャイチャ！

フェネックのカップルは超ラブラブなの？

フェネックは小さな体に大きな耳をもつキツネの仲間です。とてもかわいらしい見た目から「世界一カワイイ動物」のひとつとして紹介されることもあります。

繁殖期のフェネックは、「ホロロロロ」や「クックック」など、いつもとはちがった声で鳴き、好きな子や飼い主にかまってもらおうとします。また、オスとメスはキスをしたり、じゃれあったりしてなかよくなるそうです。長いときは1時間以上もイチャイチャしているといいます。フェネックのカップルは、人間に負けないくらいラブラブだといえるでしょう。

ボクもだ〜い好き♥

親愛の時期
1〜2月

親愛のとくちょう
生後6〜9か月で性成熟する

♥名前：フェネック
♥生息地：北アフリカや中東にある乾燥地帯など
♥大きさ：全長30cm〜40cm
♥分類：ほ乳類

ラブラブ度 ♥♥♥

キリンは首を巻きつけて大好きな気持ちを伝える

いっぱい首でぎゅ〜ってして♥

第1章　なかよしに恋する

長い首は葉っぱを食べるためだけじゃないって本当？

陸上で生活するいきもののなかで、いちばん背が高いキリン。長い首がトレードマークの彼らは、プロポーズでもこの首を使います。

オスのキリンは気に入ったメスの頭をこすりつけたりして愛を告白します。メスが告白を受け入れると、お互いに首をからませたり、体をなめ合って愛情を確かめるのです。また、ライバルのオスがくると、ツノで打ち合って相手を撃退。これも激しい愛情表現のひとつですね。のんびり屋の印象が強いキリンですが、恋愛では情熱的な一面を見せるのです。

親愛の時期
決まった繁殖時期はない

親愛のとくちょう
生後３～５年で性成熟する

♥名前：キリン

♥生息地：アフリカ大陸（サハラ砂漠以南）

♥大きさ：全長390cm～550cm

♥分類：ほ乳類

ラブラブ度 ♥♥♥

タヌキのオスは超「イクメン」
めちゃくちゃがんばるお父さん

パパも子育て
がんばるよ！

第1章 なかよしに恋する

タヌキのパパってそんなにかっこいいの?

昔話でもおなじみのタヌキは、たいていはひとりで暮らしているいきものですが、親愛の時期になると相手を探して夫婦となり、家族で生活するようになります。

赤ちゃんが産まれると、オスはとても熱心に子育てに参加。食べ物を運んだりグルーミング(毛づくろいなどの愛情表現)をして愛情をそそぎ、家族が敵におそわれないように守ります。

こうして、子どもが成長してひとり立ちするまでお父さんダヌキのがんばりは続きます。人間でいう「イクメン」という言葉がぴったりと当てはまるようですね。

あたい
ちょ〜幸せ♥

親愛の時期
　1〜4月

親愛のとくちょう
　生後1年ほどで性成熟する

♥名前:タヌキ
♥生息地:日本やアジア大陸東部
　(ヨーロッパなどへ移入)
♥大きさ:全長 50cm〜70cm
♥分類:ほ乳類

ケンカはすべて愛で解決!? ちょっと変わったボノボの愛情

第1章 なかよしに恋する

ボノボの世界では争いが起きないって本当?

ボノボは「人間にもっとも近い類人猿」と言われます。ゲームで遊んだりマッチで火をつけたりと頭がよく、人間のように2本足で歩くこともあります。

ボノボにはちょっと変わったところもあります。いきものが求愛するのは子どもをつくり子孫を残すためですが、彼らはコミュニケーションとして愛を交わすことがあるのです。さらにケンカが起きそうになると抱き合ったり、お尻をつけあわせることで、なか直りするのです。しかもこうした行動はオス同士、メス同士でもふつうに行われているからおどろきです。

親愛の時期
決まった繁殖時期はない

親愛のとくちょう
性成熟する年齢は不明

♥名前：ボノボ
♥生息地：アフリカ中部（コンゴ共和国）
♥大きさ：体長 70cm ～ 80cm
♥分類：ほ乳類

ラブラブ度 ♥♥

キンシコウは助け合いながらみんなでなかよく暮らす！

たくさんの仲間で大家族！

たくさんの家族が集まって生活するの？

キンシコウは1頭のオスと、たくさんのメスやその子どもたちで、ひとつの家族となります。さらにそこに別の家族も集まり、40～60頭ほどの群れをつくって暮らすのです。キンシコウの繁殖期はすんでいる場所によってちがいますが、おもに8～11月ごろです。出産したメスは、子どもがいない若いメスに自分の子どもを預け、出産で弱った体を休ませます。子守を引き受けた若いメスは、このとき子育てについて学ぶそうです。大自然のなかで助け合いながら生きていくキンシコウは、愛情深い動物といえるでしょう。

親愛の時期
8～11月

親愛のとくちょう
オスは生後5～7年、メスは4～5年で性成熟する

♥名前：キンシコウ
♥生息地：中国にある高山森林地帯
♥大きさ：全長65cm～75cm
♥分類：ほ乳類

28

第1章 なかよしに恋する　　　　　　　　　　ラブラブ度 ♥♥♥

とってもおアツい
コツメカワウソの求愛

激しいのも愛情だよ！

なかがよすぎてこっちがはずかしくなっちゃう!?

カワウソのなかでも小がらで手足のツメが小さいことからその名前がついたコツメカワウソ。最近では愛らしさと人なつっつこい性格から動物園でも人気です。

コツメカワウソは遊ぶのが大好きでよく泳いだり斜面をすべったりと元気に活動します。カップルも同じように、お互いの体をこすりつけたり、グルーミングしたりとなかよくじゃれあいます。ときに激しくふれあうこともあり、その様子は新婚さんを見ているようです。そのアツアツぶりのとおり、コツメカワウソは夫婦になるとずっといっしょに生活します。

親愛の時期
　決まった繁殖時期はない

親愛のとくちょう
　生後1〜1年半で性成熟する

♥名前：コツメカワウソ
♥生息地：東南アジア、中国、インドなど
♥大きさ：全長 40cm 〜 65cm
♥分類：ほ乳類

ラブラブ度 ♥♥♥

結ばれると性格がひょう変！
プレーリーハタネズミの恋

30

第1章 なかよしに恋する

結婚するとどんなふうに性格が変わるの？

ネズミの仲間ではめずらしく、一度結婚すると相手とずっといっしょにいるプレーリーハタネズミ。相手が死んでしまっても別の相手をさがすことはないという、とてもいちずなネズミです。

オスは結婚するまでは「メスならだれでもいい」という考えらしく、それぞれのメスにあまり興味をもちません。しかしひとたび結ばれるとパートナーへ熱心に愛情をそそぎ、家族を守るために外敵と戦ったりといっしょうけんめいがんばります。オスは結婚をきっかけに「たくましいお父さん」に変身するわけです。

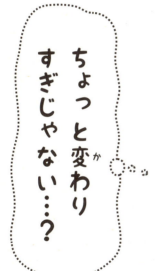

ちょっと変わりすぎじゃない…？

親愛の時期
　3〜5月、または9〜11月

親愛のとくちょう
　性成熟する年齢は不明

♥名前：プレーリーハタネズミ
♥生息地：北アメリカの平原
♥大きさ：全長 9cm 〜 13cm
♥分類：ほ乳類

ラブラブ度 ♥♥♥

フンボルトペンギンの
あまりに激しすぎる恋ダンス

もー!! 愛が止まらない!!!

あんなに動いたらつかれちゃわない？

産卵の時期をむかえたフンボルトペンギンは、卵を産むため決まった場所に集まります。

オスはたくさんの仲間のなかから気になる相手を見つけると、鳴き声や体を動かしてメスにアピール。メスがオスを気に入ると、向かい合ってお互いの頭をくっつけ、そっとふれあったり毛づくろいをして相手を確かめます。そして、だんだん相手の動きに合わせて激しく首や頭をふります。そのようすはまるで激しくおどっているように見えます。この求愛は10日間ほどつづき、カップルは愛情を高めていくのです。

ドキン

● 親愛の時期
　1年中だが4～5月が多い

● 親愛のとくちょう
　オスは生後4年、メスは3年ほどで性成熟する

● 名前：フンボルトペンギン
● 生息地：南アメリカのペルー、チリ沿岸部
● 大きさ：全長 65cm～70cm
● 分類：鳥類

ラブラブ度 ♥♥

子育ての時期は全員集合!
ロイヤルペンギンだらけの島

「来年もよろしくね♥」

「もちろんさ!」

せっかく産んだのに捨てちゃうの!?

ふだんは海で生活するロイヤルペンギンは、子育ての時期になると南極とオーストラリアのあいだにある「マッコーリー島」に集合します。カップルになるまではいざこざも多い彼らですが、ひとたび夫婦になるととてもなかがよく、ほとんどのロイヤルペンギンがつぎの年も同じパートナーと子育てを行います。

カップルは小石や草などで巣を作り卵をふたつ産みますが、なんとメスは最初に産んだ卵を捨ててしまいます。そのため、ロイヤルペンギンの子どもは、ほかのペンギンより少ないのです。

親愛の時期
9～10月

親愛のとくちょう
オスは生後4年、メスは3年ほどで性成熟する

♥名前:ロイヤルペンギン
♥生息地:オーストラリア南方のマッコーリー島、島周辺の海上
♥大きさ:全長65cm～75cm
♥分類:鳥類

イワトビペンギンの求愛は声の大きさがひけつ！

「聞こえてるって……」
「好ーーーきーーーーだーーーー！！」

大声を出さなくても聞こえてるんじゃない？

岩場をジャンプして移動することから「イワトビ」の名前がついたイワトビペンギン。とてもすばしこく体を動かすので、せっかちにも見えます。

彼らイワトビペンギンはさわがしいくらいの大声でコミュニケーションをとりますが、それは求愛のときも同じです。オスは好きなメスに何度も鳴き、いっしょにせわしなく体を動かしてプロポーズするのです。ぶじにパートナーになると、ふたりはいっしょに体を動かしてクチバシをふれ合わせます。それはまるで恋人同士がキスをしているかのようです。

親愛の時期
9〜12月

親愛のとくちょう
生後5〜8年で性成熟する

- ♥名前：イワトビペンギン
- ♥生息地：南極大陸周辺の島々
- ♥大きさ：全長 45cm〜60cm
- ♥分類：鳥類

ラブラブ度 ♥♥♥

ハクトウワシは命がけの回転で一生の伴侶を見つける

第1章 なかよしに恋する

クルクル回ってあぶなくないの？

名前のとおり、頭がまっ白なハクトウワシはアメリカ合衆国のシンボルにもなっている鳥です。

同じ鳥でもプロポーズの方法はさまざまですが、ハクトウワシの方法は命がけのすごいものです。

オスとメスのハクトウワシはお互いの足をからませ合い、そのままクルクルと回転しながら地面近くまで落下するのです。まるでサーカスを見ているようです。こうして飛ぶことで自分の飛ぶ強さをアピールしているのです。彼らはパートナーを一生変えない鳥ですが、こんな命がけの行動をするのなら当然なのかもしれません。

君といつまでも…☆

親愛の時期
アメリカ北部では4〜8月、南部では10〜4月

親愛のとくちょう
生後5〜6年で性成熟する

♥名前：ハクトウワシ
♥生息地：アメリカ合衆国、カナダ
♥大きさ：全長 70cm 〜 102cm
♥分類：鳥類

ラブラブ度 ♥♥

浮気ダメ！ ぜったい!!
クロコンドルの「監視社会」

クロコンドルの結婚生活は大変なの？

鳥の多くは、1羽だけをパートナーにする、いわゆる「一夫一妻制」です。コンドルの仲間で足以外は真っ黒な姿のクロコンドルも一夫一妻制なのですが、一方で彼らのコミュニティはとてもきびしい「監視社会」でもあります。

彼らはお互いに目を光らせていて、もしもほかのクロコンドルとの関係がバレてしまうと、その個体はパートナーだけではなく、仲間全員からこうげきや嫌がらせを受けてしまいます。浮気をしたクロコンドルが悪いのはまちがいないのですが、ここまできびしいと少し同情してしまいます。

親愛の時期
　生息地によって異なる

親愛のとくちょう
　生後 5〜6 年で性成熟する

♥ 名前：クロコンドル
♥ 生息地：北アメリカ大陸南部、南アメリカ大陸各地
♥ 大きさ：全長 56cm〜74cm
♥ 分類：鳥類

第1章 なかよしに恋する　　　　　　　　　　　　　　ラブラブ度 ♥♥♡

巣からピョコピョコ！
ロウソクギンポは体でアピール

ぴょこ

((

ぴょこ

))

ちょっといいかも…♥

いっぱいおどって相手の気をひくの？

あたたかい海にすむロウソクギンポは、岩場の穴や貝殻などを巣にして外敵から身を守ります。

親愛の時期をむかえると、オスは「婚姻色」と呼ばれる青黒い目立つ顔色に変わります。そして巣穴からピョコピョコと何度も体をだしたり体を動かすことでメスをさそいます。この動作は「求愛のダンス」と呼ばれ、より激しくおどっているオスが選ばれることが多いので、みんな必死に自分の巣穴に卵を産んでもらおうとがんばります。なかにはメスの巣穴にむかって求愛する積極的なオスもいます。

親愛の時期
7〜9月

親愛のとくちょう
性成熟する年齢は不明

♥名前：ロウソクギンポ
♥生息地：日本南部、西部太平洋
♥大きさ：全長 3cm 〜 6cm
♥分類：魚類

39

ント

心のこもったおくりもので、相
手のハートをつかむ！　人間だ
って、プレゼントをもらうのは
うれしいもの。いきものの世界
でも、プレゼント作戦は効果バ
ツグンなのです。

第2章

プレゼ恋で恋する

ラブラブ度 ♥♥♥

恋の季節には黒くなって枝を渡しあうトキ

もうくわえられねえっす…

第2章 プレゼントで恋する

枝を渡してじゃれ合ってるのかな?

トキは相手に思いを伝えるため、口に枝をくわえて相手に渡す「枝渡し」という方法をとります。
これはカップルになったトキも同じで、お互いのクシバシからクチバシへ何度も枝を渡し合ってきずなを深めていくのです。そのようすは、まるであついキスをするようでもあります。

ちなみに、トキはふだん白とあわい赤色(トキ色)をしていますが、求愛の時期になると首のまわりやツバサの一部が黒くなります。あまりに姿が変わるので、昔は「トキは2種類いる」と考えられていました。

これも、これもあげる!

親愛の時期
3〜6月

親愛のとくちょう
生後2〜3年で性成熟する

♥名前::トキ
♥生息地:中国南部、日本
♥大きさ:全長75cm〜80cm
♥分類:鳥類

43

ラブラブ度 ♥♥

アデリーペンギンは小石を宝石のようにプレゼント

第2章　プレゼントで恋する

プレゼントってやっぱり大事なの?

　南極で生活し、黒と白のシンプルな色のアデリーペンギンは、よくイメージされるペンギンに一番近い姿をしています。
　とても寒く地面のほとんどが氷でおおわれている南極では、ペンギンが卵を産む巣をつくるのに必要な小石もとても貴重です。そんな事情もあるからでしょうか、オスのアデリーペンギンはパートナーのメスに小石をプレゼントします。これには相手を安心させたり、あるいはたんにあいさつの意味もあるようです。プレゼントをもらってうれしいのは人間もペンギンもいっしょなんですね。

親愛の時期
　9～11月

親愛のとくちょう
　オスは生後6年、メスは5年ほどで性成熟する

♥名前：アデリーペンギン
♥生息地：南極大陸とその周辺
♥大きさ：全長 60cm～70cm
♥分類：鳥類

45

ラブラブ度 ♥♥♥

少しでもいいプレゼントを！
ハチをみつぐ **ヨーロッパハチクイ**

これじゃだめなのか〜!?

第2章　プレゼントで恋する

ハチを食べるのって あぶなくないのかな?

ハチを食べることから「ハチクイ」という名前がついたヨーロッパハチクイ。1日に250匹ものハチを食べるというのですから、とても食いしんぼうな鳥です。

彼らの主食であるハチは、プロポーズにも使われます。オスは大好物のハチをメスにプレゼントし愛の告白をするのですが、メスがお気にめさなければフラれてしまいます。なのでオスはがんばってよいハチをさがすのです。ちなみにハチには毒の針がありますが、ヨーロッパハチクイはきように針をぬいたり、毒をおし出してから食べるのであぶなくありません。

ぷい

親愛の時期
　5〜7月

親愛のとくちょう
　性成熟する年齢は不明

♥名前：ヨーロッパハチクイ
♥生息地：ヨーロッパ南部、アフリカ大陸
♥大きさ：全長 25cm〜28cm
♥分類：鳥類

ラブラブ度 ♥♥

キムネコウヨウジャクは作った巣を見せてプロポーズ

めずらしい形の巣でいつから生活するの？

ハタオリドリの仲間であるキムネコウヨウジャクの巣は、とてもめずらしい形をしています。

オスは木の枝に草で巣をつくるのですが、その巣は遠くから見ると大きなひょうたんのようなものが枝にぶら下がっているように見えます。これはサルなどから赤ちゃんを守るためなのです。

半分ほど仕事が終わったオスは、メスに自分の巣を見せてプロポーズします。この告白がOKなら、カップルはいっしょに巣を完成させそこで生活するのです。もちろん、巣作りがヘタなオスはメスに見向きもされません。

親愛の時期
2〜10月

親愛のとくちょう
性成熟する年齢は不明

♥名前：キムネコウヨウジャク
♥生息地：インド、東南アジア各地
♥大きさ：全長 13cm 〜 15cm
♥分類：鳥類

第2章 プレゼントで恋する　　　　　　　　　　　　ラブラブ度 ♥♥

アオアズマヤドリはモテるためにオシャレな舞台を作る

オトコの価値は舞台で決まる！

なんであんなに芸術的な舞台を作るの？

アオアズマヤドリは「モテるため」に舞台を作る、ちょっと変わった鳥です。その名前にもあるように"あずま屋"と呼ばれる舞台を草や枝で作り、周りを青色の花びらや鳥の羽などで飾ります。

それを見ているメスへのアピールも忘れません。激しいダンスをしたり、鳴きながら青いものを口にくわえたりして求愛します。

ちなみに、このあずま屋ではヒナを育てることはありません。メスが近くに作った別の巣で育てます。がんばって作ったあずま屋は、結ばれたと同時に役目が終了。少しむなしさを感じますね。

- ♥名前：アオアズマヤドリ
- ♥生息地：オーストラリア、ニューギニア周辺
- ♥大きさ：全長 20cm～40cm
- ♥分類：鳥類

親愛の時期
繁殖時期は不明

親愛のとくちょう
性成熟する年齢は不明

ラブラブ度 ♥♥♥

海のなかの芸術家
アマミホシゾラフグの求愛アート

ミステリーサークルだ〜っ!!

人間じゃなくてお魚が描いたの?

奄美大島のあさい海にすんでいるアマミホシゾラフグ。2012年に発見されたばかりのこのあたらしい魚は、「新種トップ10」にもえらばれた、注目のあつまっているいきものです。

アマミホシゾラフグの愛の告白はとても芸術的です。オスは海底の砂におなかや尾ヒレをつかって直径2メートルもある円状のもようを描きます。このもようを気にいったメスはもようの中心に産卵するのです。じつはきれいなもようは、卵が水の動きで流れてしまわないようにするためのくふうでもあるようです。

いやいや…
愛の巣ですよ

♥親愛の時期
　4〜8月

♥親愛のとくちょう
　性成熟する年齢は不明

♥名前：アマミホシゾラフグ
♥生息地：鹿児島県奄美大島沖周辺
♥大きさ：全長 10cm〜15cm
♥分類：魚類

ラブラブ度 ♥♥

恋するイトヨにとって 赤いヤツらはすべて敵！

お前は敵か!?

ちがうよ

巣を作るとこわくなっちゃうの？

川で産まれるイトヨは、成長すると海やその近くで暮らし、求愛の時期になると産まれた川にもどって産卵する魚です。ひとあし先にオスが水草やおち葉でトンネルのような巣をつくり、そこにメスを誘うのです。

巣にほかのオスが近づこうものなら、突進して追いはらうのですが、じつはこのときイトヨは相手をよくわかっていません。イトヨのオスは求愛の時期になるとお腹が赤くなるので、この赤い色を敵と思うのです。そのため、赤い色ならそれがイトヨでなくても攻撃してしまいます。

親愛の時期
4〜5月

親愛のとくちょう
生後1年ほどで性成熟する

♥名前：イトヨ
♥生息地：北半球の亜寒帯全般
♥大きさ：全長5cm〜10cm
♥分類：魚類

ガガンボモドキの愛は食べものの大きさできまる！

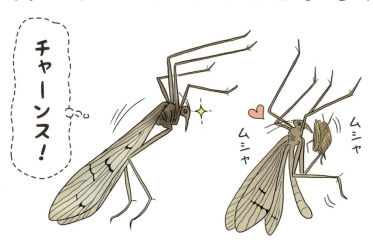

ごはんを食べながらっておぎょうぎ悪くない？

ほかの虫を食べるガガンボモドキは、メスに食べものをさしだしてプロポーズします。愛をかわせるのはメスがこの食べものを食べているあいだだけで、食べものが小さかったりまずかったりすると、メスはそのオスの前からいなくなってしまうのです。

でも、食べものがおいしくて大きいと話がかわります。メスがその食べものを食べきれずにいると、なんとオスは食べものをうばって、ほかのメスにプレゼントするのです。「食べものがすべて」というガガンボモドキの愛は、とてもドライなものだといえるでしょう。

親愛の時期
北半球では6〜8月、南半球では12〜1月

親愛のとくちょう
性成熟する年齢は不明

- ♥名前：ガガンボモドキ
- ♥生息地：世界各地
- ♥大きさ：体長 1.5cm〜2cm
- ♥分類：昆虫類

恋する気持ちを相手に伝えるために、あの手この手で自分をアピール。この章で紹介するのは、いっしょうけんめい自分をアピールして求愛するいきものたちです。

第3章

だい　しょう

アピ

こ　い

恋する

で

ラブラブ度 ♥♥♥

恋するジャガーは
子ネコのようにカワイイ

第3章 アピールで恋する

恋をしているときはいつもより甘えんぼう?

ジャガーは、いつもはひとりで行動しますが、繁殖期になると恋人を作るために、ほかのジャガーに近づくようになります。オスのジャガーのナワバリにはたくさんのメスがいるので、オスとメスが出会うのはカンタンなのです。メスはオスにお腹を見せるようにお向けになり、ゴロゴロと転がって「好き」をアピール。そしてオスは、メスに向かって「ミャーミャー」と甘えるような声で鳴きます。ジャングルの王者と呼ばれるジャガーは、とても強い動物ですが、好きな子の前では子ネコのような姿を見せるのです。

親愛の時期
　決まった繁殖時期はない

親愛のとくちょう
　オスは生後1〜2年、メスは2〜3年で性成熟する

♥名前：ジャガー
♥生息地：北アメリカの南部や南アメリカにある森林地帯など
♥大きさ：体長120cm〜185cm
♥分類：ほ乳類

ラブラブ度 ♥♥♥

アルパカのオスは好きな子の前でカッコつける

第3章 アピールで恋する

なんでオスはメスの前で両足で立つポーズをするの?

日本ではコマーシャルなどに出たことで人気者となったアルパカ。アルパカの世界では、1頭のオスがたくさんのメスと結婚します。オスによっては5〜10頭ほどのメスと結婚してハーレムを作ることもあるそうです。

いつものほほんとしているアルパカですが、オスは気になる女の子の前では男らしい姿も見せます。発情したオスはメスに出会うと、自分を大きく見せるかのように後ろ足で立ち上がり、その存在をアピールします。メスはいつもとひと味ちがうオスのカッコイイ姿にひかれ、恋に落ちるのです。

親愛の時期
　決まった繁殖時期はない

親愛のとくちょう
　オスは生後1年、メスは3年ほどで性成熟する

♥名前:アルパカ
♥生息地:南アメリカの西部にある高原地帯などで飼育
♥大きさ:全長120cm〜220cm
♥分類:ほ乳類

ラブラブ度 ♥♥♥

恋人がほしいスナネコは いつもより大きな声で鳴く

オスの鳴き声は遠くはなれたメスにも届く！

第3章 アピールで恋する

鳴き声だけで恋人を見つけられるの？

スナネコはサハラ砂漠などに暮らしているネコの仲間で、ほかのネコと同じように、いつもはひとりで行動しています。でも繁殖期になると、甲高い声で鳴いて恋人になってくれる相手をさがすようになります。スナネコはかなり耳がよく、彼らがすんでいる砂漠には音をさえぎるものがありません。そのため、お互いが遠く離れていても、この声を聞き逃さず、相手を見つけられるのです。

ちなみにスナネコは、地中にいる動物などを食べるのですが、そのときもこの耳を使い、獲物がいる場所を突き止めるそうです。

親愛の時期
3〜4月

親愛のとくちょう
生後9〜14か月で性成熟する

♥名前：スナネコ
♥生息地：中央アジアや中東にある乾燥地帯など
♥大きさ：全長45cm〜57cm
♥分類：ほ乳類

61

ラブラブ度 ♥♥♥

アフリカタテガミヤマアラシの針毛は戦いでも恋愛でも大活躍

このトゲトゲが愛の証さ！

第3章 アピールで恋する

トゲトゲの針毛が恋愛でも役に立つの?

アフリカタテガミヤマアラシは、頭からお尻にするどい針毛が生えています。このトゲは、敵から身を守ったり、おどかしたりするための武器ですが、好きな子にアピールするときも役に立ちます。

アフリカタテガミヤマアラシの針毛はすごく硬く、中身は空っぽ。

そのため、全身の毛を逆立てて力強く体をゆらすと「シャンシャン」という音が鳴ります。オスはこの音を使ってメスの気をひくのです。また愛を交わすときは、オスが針毛で傷つかないように、メスが毛を寝かせるといった気配りを見せます。

まあ〜立派な針毛ね!!

親愛の時期
　決まった繁殖時期はない

親愛のとくちょう
　生後1〜2年で性成熟する

♥名前:アフリカタテガミヤマアラシ
♥生息地:アフリカ大陸の砂漠地帯を除くさまざまな地域
♥大きさ:全長60cm〜90cm
♥分類:ほ乳類

ラブラブ度 ♥♥♥

いろいろな行動で求愛する
オグロプレーリードッグ

兄妹たちは夫婦のように
なかよしこよし！

64

第3章 アピールで恋する

人間みたいにいろいろな求愛行動をとるの？

1匹のオスとたくさんのメスが結婚して大家族を作るオグロプレーリードッグ。恋の季節になると、家族のリーダーであるオスと、特定のメスがいっしょに行動するようになります。同じ巣穴に出入りしたり、お互いの体にタッチしたり、いつもとちがう声で鳴いておしゃべりしたりと、さまざまな求愛行動を見せます。こうしてなかよくなり、2匹はやがて結婚します。ちなみに、オグロプレーリードッグは兄妹で結婚することも多いそうです。小さいころからいっしょに過ごしているため、なかよくなりやすいのでしょう。

親愛の時期
1〜4月

親愛のとくちょう
生後1〜3年で性成熟する

♥名前：オグロプレーリードッグ
♥生息地：北アメリカや南アメリカの北部にある草原地帯など
♥大きさ：体長30cm〜40cm
♥分類：ほ乳類

ラブラブ度 ♥♥♥

シロサイのカップルは追いかけっこが大好き

第3章 アピールで恋する

シロサイは恋人同士で追いかけっこするの?

オスのシロサイは、大人になると決まったエリアを自分のナワバリにして、そこで生活します。ナワバリをもっているオスは、そこにメスをまねいて、恋人として1〜3週間ほど、いっしょに生活するのです。このとき、オスとメスは追いかけっこしたり、頭に生えた角を突き合わせたり、おしゃべりをします。2頭は少しずつなかよくなっていき、やがてメスは子どもを産むのです。ちなみに、このあとメスはオスのナワバリから出ていってしまいます。シロサイの世界では、メスがひとりで子どもを育てるのです。

まてまて〜ぃ♡

ドスンドスン

親愛の時期
決まった繁殖時期はない

親愛のとくちょう
オスは生後10〜12年、メスは4〜8年で性成熟する

● 名前：シロサイ
● 生息地：アフリカ大陸の南部にある草原地帯など
● 大きさ：全長330cm〜420cm
● 分類：ほ乳類

ラブラブ度 ♥♥♥

ズキンアザラシのオスは鼻の風船でモテ度が変わる

おれの鼻、立派だろう？

第3章 アピールで恋する

ズキンアザラシの鼻は風船のようにふくらむ?

ズキンアザラシのオスは、とてもやわらかい鼻中隔をもっています（鼻のなかを左右に分ける壁で、人間の鼻にもあります）。片方の鼻の穴を閉じて、いきおいよく空気を送ると、もう片方の鼻の穴から鼻中隔が出てきて、風船のようにふくらむのです。ズキンアザラシはこの風船を左右に振ったりして、ほかのアザラシとケンカしたり、気になる子に「好きだ」と伝えます。メスと出会ったオスは、「どうだ立派だろう?」といわんばかりに風船をふくらませます。メスはこの風船を見て、オスとつきあうか決めるそうです。

まぁスゴい！

親愛の時期
3～4月

親愛のとくちょう
性成熟する年齢は不明

♥名前：ズキンアザラシ
♥生息地：北極海や北大西洋にある氷河または海洋
♥大きさ：全長200cm～300cm
♥分類：ほ乳類

ラブラブ度 ♥♥

フェレットのダンスは"嬉しい"や"楽しい"のサイン

キミのこと大好きなんだ！

フェレットは楽しいとおどりはじめるの？

いつもとちがう声で鳴いたり、相手の体をタッチしたりと、かわいらしい求愛行動を見せるフェレット。ひとなつっこくて温厚な動物ですが、興奮すると面白い行動を見せてくれます。それは「ウィーズルウォーダンス」というもので、体をくの字に曲げて、いきおいよく何度もジャンプするのです。楽しいときや遊んでほしいときにとる行動なので、フェレットを飼っているひとなら一度は見たことがあるでしょう。なぜ飛びはねるのかわかりませんが、飼い主など好きな相手に感謝の気持ちを伝えているのかもしれません。

親愛の時期
3～8月

親愛のとくちょう
オスは生後7～10か月、メスは8～12か月で性成熟する

- ♥名前：フェレット
- ♥生息地：家畜品種
- ♥大きさ：全長35cm～50cm
- ♥分類：ほ乳類

70

第3章 アピールで恋する　　　　　　　　　　　　　　　　　　ラブラブ度 ♥

マーゲイは木登り上手な
ハンターでモノマネも得意！

トクベツな声で愛を告白！

マーゲイはいつも木の上で生活してるの？

マーゲイは暖かくて雨がたくさん降る森などにすむネコの仲間。木登りがとても上手で、いつもは木の上で生活しています。私たちがペットとして飼うネコも木に登ることがありますが、降りるのは苦手としています。しかし、マーゲイは関節がやわらかく、足首が180度も回転するので登るのも降りるのも得意なのです。

マーゲイはほかの動物のモノマネも上手で、獲物となる生き物の声をマネして自分の近くまでおびきよせるそうです。また、求愛するときはいつもとはちがった声で鳴き、相手の気をひくといいます。

親愛の時期
決まった繁殖時期はない

親愛のとくちょう
性成熟する年齢は不明

♥名前：マーゲイ
♥生息地：南アメリカにある森林地帯など
♥大きさ：全長50cm～80cm
♥分類：ほ乳類

ラブラブ度 ♥♥

恋の季節になると鳴いたりおどったりする ホッキョクギツネ

ね、ね！ダンスうまいでしょ？

なかよくなるためにダンスをするの？

ホッキョクギツネはそれぞれがナワバリをもっており、いつもはひとりで過ごしていますが、冬になるとパートナーをさがしはじめます。彼らが繁殖期に見せる求愛行動は、鳴き合い、追いかけっこ、オスがメスに小動物をプレゼントするなどさまざま。想像しにくいですが、後ろ足で立ち上がり、おどるような動きも見せます。たくさんのオスに求愛されたメスは、そのなかからひとりを選び、結婚して子どもを産むのです。ちなみに、メスがオスの求愛を断るときは、お腹をよじりながら地面にふせて「ヒー」と鳴くそうです。

親愛の時期
12～4月

親愛のとくちょう
生後10か月ほどで性成熟する

♥名前：ホッキョクギツネ
♥生息地：北半球にある草原地帯や森林地帯など
♥大きさ：全長50cm～90cm
♥分類：ほ乳類

72

第3章 アピールで恋する　　　　　　　　　　　　　ラブラブ度 ♥♥

キタキツネのオスとメスは遊びながらなかよくなっていく

「つぎは何して遊ぶ？」

「何がイイかしら？」

キタキツネたちはどんなふうに遊ぶの？

キタキツネはアカギツネやホンドギツネの仲間で、日本での「キツネ」といえば、このキタキツネやホンドギツネのことを指します。

キタキツネの求愛行動は12月から2月の寒い時期に見られます。

恋の季節をむかえたキタキツネたちはオスとメスでペアをつくり、ふたりで追いかけっこをしたり、じゃれ合ったりして、元気いっぱいに遊ぶのです。また、後ろ足で立ってダンスのような動きをすることもあります。

こうしてなかよくなっていき、カップルになるのです。

親愛の時期
12～4月

親愛のとくちょう
生後10か月ほどで性成熟する

♥名前：キタキツネ
♥生息地：北半球にある草原地帯や森林地帯など
♥大きさ：全長60cm～80cm
♥分類：ほ乳類

ラブラブ度 ♥♥

巣作りの天才 アメリカビーバー
プロポーズの決め手はニオイ！

恋のスタートはお尻から！

好きなニオイだと あんしんするのかな？

アメリカビーバーは、泳ぎがうまく川に巣やダムをつくることで有名ないきものです。ここに家族で暮らし、子どもはひとり立ちするまで夫婦が育てます。

彼らにはおしり近くに「香嚢」という袋があり、ここからニオイのつよいクリーム状のものを出します。オスはこの物質を自分の生活はんいにつけ、ニオイを気に入ったメスと結ばれます。アメリカビーバーの恋愛はニオイできまるわけです。もし相手が見つからなければ、たくさんのメスにアピールするためいたるところにこの物質をつけることもあります。

♥名前：アメリカビーバー
♥生息地：北アメリカ各地
♥大きさ：全長 70cm ～ 130cm
♥分類：ほ乳類

親愛の時期
11 ～ 3月

親愛のとくちょう
生後 2 年ほどで性成熟する

74

第3章 アピールで恋する　　　　ラブラブ度 ♥

背中を木にこすりつけるヒグマ
じつは求愛行動という説も!?

求愛？
かゆい？
いかく？

ヒグマが背中を木にこすりつけるのはなぜ？

ヒグマは大きな木を見つけると、木の幹に背中をこすりつけるという変わった行動をとることがあります。後ろ足で立ち上がり、木に寄りかかって体をくねくねさせている姿を見たら、思わず笑ってしまうことでしょう。これは木に自分のにおいをつけて、ほかのオスに自分がいることを教えているのです。こうすればオス同士が出会わなくなり、ケンカせずに済みます。また、この行動は背中のかゆみをとるため、あるいはメスに求愛するためともいわれています。においで自分の存在をメスにアピールするわけです。

親愛の時期
　6〜7月

親愛のとくちょう
　生後4〜6年で性成熟する

♥名前：ヒグマ
♥生息地：ユーラシア大陸や北アメリカにある森林地帯
♥大きさ：全長150cm〜300cm
♥分類：ほ乳類

75

ラブラブ度 ♥♥

カバのオスは口を開けて メスにプロポーズ！

キミのために限界を超えてみせるッ！

口を大きく開けられる カバはすごいカバなの？

カバの求愛行動は、ちょっと変わっています。オスはのそのそとメスに近づき、なんと自分の尻尾を相手の顔にくっつけるのです。カバの尻尾はすごく短いので、ほとんどお尻をくっつけるようなもの。かなり失礼な行動に見えますが、これはお尻のニオイをかがせて、子どもを作る力がどれくらい高いのかメスに教えているそうです。また、オスがメスの前で口を開けるのも、カバなりのプロポーズです。優れたカバほど口が大きく開くので、自分のすごさをアピールしつつ、「結婚してくれ！」とお願いしているわけです。

親愛の時期
2〜8月

親愛のとくちょう
オスは生後5〜6年、メスは7〜8年で性成熟する

♥名前：カバ
♥生息地：アフリカにあるサバンナなど
♥大きさ：全長300cm〜400cm
♥分類：ほ乳類

第3章 アピールで恋する　　　　　　　　ラブラブ度 ♥

ヘラジカのオスはメスの想いをツノでしっかりキャッチ

ボクのお姫さまはどこかな!?

オスはツノがあるから音がよく聞こえるの?

ヘラジカはシカのなかで一番体が大きく、頭に立派なツノがあります。このツノはオスだけがもっていて、大きいと2メートルにもなるそうです。

ツノはオス同士の戦いに使うほか、遠くで鳴くメスの声を集める集音器としても役立ちます。メスの声を聞いたオスは、その方向へ歩きながら求愛の声を出します。

そしてメスに近づいたら、おしっこのニオイをかいで相手の気持ちを確かめたり、よりそったりして反応を見ます。相手にしてもらえないときは男らしくキッパリあきらめ、別のメスを探すそうです。

親愛の時期
9～11月

親愛のとくちょう
性成熟する年齢は不明

♥名前：ヘラジカ
♥生息地：ユーラシア大陸や北アメリカにある森林地帯など
♥大きさ：全長230cm～310cm
♥分類：ほ乳類

ハシビロコウはていねいに頭を下げて愛を告白

第3章 アピールで恋する

どんなときにおじぎをするの？

ハシビロコウはとても面白いアピールをする動物として知られています。ハシビロコウは気になる子がいると、大きなクチバシを開けたり閉めたりして「カチカチ」という音を出します。これはクラッタリングといって、音で相手の気をひこうとしているのです。また、友だちや好きな子に、「こんにちは」とおじぎをすることもあります。ゆったりとした動きでお行儀よく頭を下げる姿は、とてもかわいらしいです。動物園では、いつもお世話してくれる飼育員さんに向かって、ハシビロコウがおじぎする姿も見られます。

♥親愛の時期
　決まった繁殖時期はない

♥親愛のとくちょう
　生後3年ほどで性成熟する

♥名前：ハシビロコウ

♥生息地：アフリカの東部や中央部の湿地や沼

♥大きさ：全長230cm〜260cm

♥分類：鳥類

ラブラブ度 ♥♥♥

カップル成立後も求愛している カワラバトのオスは浮気性?

は!? 私がいるのに何してんの!?

第3章 アピールで恋する

結婚相手が見つかったのにまだ求愛するのはなぜ？

カワラバトは公園や寺社の境内など、どこでも目にすることができるおなじみの野鳥です。

オスは繁殖期になると胸をふくらませ、「デデーポッポー」という声を出してメスにプロポーズします。カップルが成立すると、お互いに羽づくろいをしたりキスをするなどなかよくすごす様子が見られるようになります。でも、オスは相手が見つかったあとも求愛の声を出すことがあります。じつはカワラバトはオスとメスを見分けることができないので、オスは他のオスに求愛されないように声を出していると考えられています。

デデー　　　　　　　　　ポッポー

親愛の時期
3〜11月

親愛のとくちょう
生後半年ほどで性成熟する

♥名前：カワラバト
♥生息地：ヨーロッパ、アジア、日本など
♥大きさ：全長30cm〜35cm
♥分類：鳥類

クジャクのオスは羽がキレイだとモテるの？

クジャクのオスの背中には、キレイな飾り羽が生えています。オスはこの羽を使ってメスにアピールするのです。オスはメスたちの前で飾り羽を広げ、まるでファッションショーのモデルのように、メスたちに羽を見せます。メスに羽を気に入ってもらえればプロポーズは成功です。このプロポーズの成功率は、羽にある目玉模様の数で決まるといわれてきましたが、のちに飾り羽の美しさに加え、声も大事だということがわかりました。大声で鳴いてアピールできるパワフルなオスほど、メスにモテるというわけです。

親愛の時期
4〜6月

親愛のとくちょう
生後2年ほどで性成熟する

♥名前：クジャク
♥生息地：東南アジアや南アジアにある森林地帯など
♥大きさ：全長90cm〜230m
♥分類：鳥類

第3章 アピールで恋する

首に生えたえりまきはどうやって使うの？

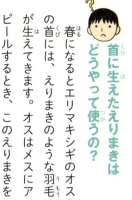

春になるとエリマキシギのオスの首には、えりまきのような羽毛が生えてきます。オスはメスにアピールするとき、このえりまきを使うのです。

エリマキシギたちは「レック」と呼ばれる場所に集まり、オスとメスでお見合いをします。オスはツバサを広げてジャンプしたり、えりまきを広げてアピール。また、メスのまわりをグルグルと走ったり、おじぎであいさつするオスもいます。なかには興奮し過ぎて、えりまきを広げたままレックを爆走し、メスにドン引きされてしまうこともあるそうです。

……

親愛の時期
4〜6月

親愛のとくちょう
性成熟する年齢は不明

♥名前：エリマキシギ
♥生息地：ユーラシア大陸の北部にある森林地帯など
♥大きさ：全長20cm〜30cm
♥分類：鳥類

85

ラブラブ度 ♥♥♥

アオアシカツオドリは
足が青いほどカッコいい

第3章 アピールで恋する

アオアシカツオドリは なんで足が青いの？

アオアシカツオドリは名前のとおりきれいな青い足をした鳥です。海で魚をつかまえる姿はとてもすばやくカッコいいのですが、陸上ではぎこちなく歩くという、ギャップのあるいきものです。

彼らの足が青いのは、食べている魚にふくまれた色素のためです。この色があざやかなほど魅力的に見えるようで、オスはメスの周りで足ぶみをしながらじまんげに足を見せつけます。彼らにとって足はモテるために大切なところなのです。また、この方法以外にも、枝や小石をプレゼントすることもあるようです。

ハッキリ言ってよ…

親愛の時期
8〜9月

親愛のとくちょう
生後5年ほどで性成熟する

♥名前：アオアシカツオドリ
♥生息地：ガラパゴス諸島など熱帯の島々
♥大きさ：全長 75cm〜85cm
♥分類：鳥類

87

ラブラブ度 ♥♥

恋人がほしいコウテイペンギンは鳴いたりおじぎしたり大いそがし！

あらあらこちらこそ
お願いします～

お願いします
つきあってください！！

オスが鳴いたりするのはメスへの求愛なの？

コウテイペンギンたちは海が凍りはじめると、みんなで陸地に移動します。氷の上を200キロメートルも歩き、ペンギンたちは決まった繁殖地にやってきて、そこで恋人を作るのです。オスはおじぎをしたり、頭をふったり、鳴いたりして、メスに「好きだ！」と伝えます。オスとつがいになったメスはタマゴを生み、それから赤ちゃんのために海へ行って小魚やオキアミなどの食べものをとります。メスが食べものを集めているあいだ、オスは2か月以上もご飯を食べずにタマゴを温め、メスが帰ってくるのを待つそうです。

親愛の時期
3～6月

親愛のとくちょう
生後6～7年で性成熟する

♥名前：コウテイペンギン
♥生息地：南極大陸とその周辺
♥大きさ：全長100cm～130cm
♥分類：鳥類

第3章 アピールで恋する　　　　　　　　　　　　ラブラブ度 ♥

ホオジロガモはイナバウアーで愛の言葉をささやく!?

「秘技、イナバウアー！」

苦しそうにプロポーズするって本当?

ホオジロガモは、変わった方法でメスにプロポーズするおもしろい鳥です。恋の季節をむかえたホオジロガモのオスは、気になるメスがいるとスーッと近づき、「ギー、ギギー」や「クィ、キーク」と、苦しそうな声で鳴き出すのです。さらに、頭の羽毛をふくらませたり、首を大きく後ろにそらせてメスの気をひこうとします。その姿は、まるでフィギュアスケートの技「レイバック・イナバウアー」のよう。すごく苦しそうなかっこうですが、カワイイ彼女をゲットするために、オスも必死なのでしょう。

親愛の時期
4〜6月

親愛のとくちょう
生後6〜7か月で性成熟する

♥名前：ホオジロガモ
♥生息地：ユーラシア大陸の北部にある森林地帯など
♥大きさ：全長40cm〜50cm
♥分類：鳥類

ラブラブ度 ♥♥

ジュウニセンフウチョウのオスはお尻の羽でメスにアピール

> すてきな毛…じゃない、羽だろ？

お尻に生えている細長い毛は羽なの!?

ジュウニセンフウチョウは、その名のとおり、お尻に12本の羽が生えた鳥です。この羽は針金のように細長いので、毛とまちがえられることも多いのですが、れっきとした羽なのです。

結婚相手をさがしているオスは、メスが近づいてくると求愛します。その方法は、メスにお尻を向けて、12本の羽を見せびらかすというもの。オスは「キレイだろう？」といわんばかりにお尻をふり、毛をわさわさせてメスにアピールするのです。この行動でメスに気に入ってもらえれば、晴れてカップルとなります。

親愛の時期
決まった繁殖時期はない

親愛のとくちょう
性成熟する年齢は不明

- ♥名前：ジュウニセンフウチョウ
- ♥生息地：パプアニューギニアにある熱帯雨林など
- ♥大きさ：全長33〜35cm
- ♥分類：鳥類

90

第3章 アピールで恋する　　　　　　　　　　　　　　　　　　　　　ラブラブ度 ♥

アカカザリフウチョウのメスは オスのド派手な体にメロメロ！

「ダレにしようかしら…」

オスの体はそんなに派手なの？

アカカザリフウチョウのオスは、頭のてっぺんが黄色、クチバシが青色、のどがエメラルドグリーン。さらに、胸のわきには赤色やオレンジ色の飾り羽があるので、その見た目はすごくカラフルです。アカカザリフウチョウのオスは、この派手な体を使ってメスにアピールします。

恋の季節になるとオスたちはメスがいる場所に集まります。そして頭を下に向け、ツバサをおうぎのように広げてすばやくゆらし、メスの気をひくのです。体がカラフルなこともあり、その見た目はまるで花のようなのです。

- ♥名前：アカカザリフウチョウ
- ♥生息地：パプアニューギニアにある熱帯雨林など
- ♥大きさ：全長33〜34cm
- ♥分類：鳥類

親愛の時期
　決まった繁殖時期はない

親愛のとくちょう
　性成熟する年齢は不明

ラブラブ度 ♥♥

恋の季節は甘えん坊になる
ワシミミズク

「ね、甘えてもいい…?」

繁殖期のワシミミズクはいつもより甘えん坊?

「夜の狩人」というカッコイイあだ名をもつワシミミズク。鳥にしては体が大きくて力も強く、いつもは群れることなく、ひとりで暮らしています。そんなワシミミズクも、冬になると恋人がほしくなり、メスをさがして飛びまわるようになります。そして気になるメスを見つけると、自分の気持ちを伝えるように「ホーホー」と鳴いたり、食べものをプレゼントするのです。また、人間がやるように、相手によりかかったり、抱きしめることもあるとか。見た目はちょっと怖そうですが、意外と甘えんぼうなのかもしれません。

親愛の時期
1〜2月

親愛のとくちょう
生後5〜6年で性成熟する

♥名前:ワシミミズク
♥生息地:ユーラシア大陸やアフリカにある山岳地帯など
♥大きさ:全長70cm
♥分類:鳥類

第3章 アピールで恋する　　　　　　　　　　　　　　　ラブラブ度 ♥

ペアでデュエットをする
アフリカオオコノハズク

デュエットで始まるロマンティックな恋

オスとメスがデュエットするってホント？

アフリカオオコノハズクのオスは、繁殖期になるとナワバリ内を飛び回り、あちこちで「ポッポー」と鳴きまくります。この声でメスをさそっているのです。

その声にひかれてやってきたメスとペアになると、今度はペアでデュエットを始めます。4〜8秒の間隔で、オスは低くまろやかな声で、メスは高い声で「ポッポー」と歌うように鳴くのです。

そしてオスは歌いながらメスに近づいていき、頭を上下させて愛を告白します。

デュエットで恋が始まるなんて、まるで人間のようですね。

親愛の時期
4〜8月

親愛のとくちょう
生後1年ほどで性成熟する

♥ 名前：アフリカオオコノハズク
♥ 生息地：アフリカ中央部や南部にある草原地帯や森林地帯など
♥ 大きさ：全長19〜25cm
♥ 分類：鳥類

ラブラブ度 ♥♥

恋するダチョウのオスはキモかわいいダンスをおどる！

そろそろ応えてあげようかしら。

右、左、右、左！……はぁはぁ、つかれた

ヘンテコなおどりで気持ちを伝えるの？

ほかの鳥と同じように、ダチョウのオスはダンスをしてメスの気をひきます。ただし、そのおどりはとても変わっていて、はじめて見るひとはショックを受けるかもしれません。

ダチョウのオスがダンスをするときは、まず足をL字におりまげて、地面に座ります。そして左右のツバサを広げて、頭を背中にくっつけたまま体を大きくゆらすのです。キモいようなカワイイような、なんともいえないダンスですが、ダチョウにとっては、このおどりが相手に気持ちを伝える一番の方法なのです。

親愛の時期
3～9月

親愛のとくちょう
生後2～3年で性成熟する

♥名前：ダチョウ
♥生息地：アフリカのサバンナなど
♥大きさ：全長175cm～275cm
♥分類：鳥類

94

第3章 アピールで恋する　　　　　　　　　　　　　　　　　　　ラブラブ度 ♥

エミューは気になる相手にカゲキなダンスをひろうする

エミューのダンスはそんなに激しいの？

エミューのオスは、ダンスでメスの気をひきます。元気よく飛びはねたり、体をグネグネさせたり、相手のまわりを猛スピードで走ったり、座ったり立ったりと、かなりカゲキなダンスです。そんなオスのことを、メスは興味なさげに見ています。もしかするとメスは「なにやってんだろう」と、あきれているのかもしれません。また、エミューは人懐っこい性格で、人間を自分たちの仲間だと思い、求愛することもあるそうです。もしもエミューがあなたの前でおどり出したら「嬉しいけど、ごめんなさい」とお断りしましょう。

親愛の時期
　11〜4月

親愛のとくちょう
　生後2〜3年で性成熟する

♥名前：エミュー
♥生息地：オーストラリアの各地域
♥大きさ：全長160cm〜200cm
♥分類：鳥類

ラブラブ度 ♥♥

モズのキュートなダンスは人間すらとりこにする

キュートなダンスに

人間もメロメロ!?

モズは声マネやおどりが得意なの？

モズは漢字で「百舌鳥」と書きます。これは、モズのオスがほかの鳥の鳴き声をマネするのが得意だからつけられたと考えられています。たしかにオスはいろいろな鳴き声を出してメスを呼びます。

メスが近くに来たら、オスは体を左右にふったり、頭を上げ下げして相手に気持ちを伝えます。

小さな体で元気いっぱいにおどる姿はとてもかわいらしく、だれでもハートを射抜かれることまちがいナシ。モズのカップルを見つけたら、しばらく観察してみましょう。キュートなダンスが見られるかもしれません。

- ♥名前：モズ
- ♥生息地：日本や中国にある森林地帯など
- ♥大きさ：全長18cm〜20cm
- ♥分類：鳥類

親愛の時期
2〜8月

親愛のとくちょう
性成熟する年齢は不明

第3章 アピールで恋する　　　　　　　　　　　　　　ラブラブ度 ♥

コトドリは得意のモノマネで メスのハートをキャッチ

モノマネやダンスでメスにアピールするの？

コトドリはモノマネがすごく上手で、ほかの鳥の鳴き声はもちろん、カメラのシャッター音や車のブレーキ音などもマネすることができます。そんなコトドリは、モノマネとダンスで自分のナワバリにメスを呼び、愛の告白をします。
コトドリはお尻を空に向けるように、飾り羽がついた尾羽をもち上げて自分におおいかぶせます。そしてほかの鳥の鳴き声を出しながらおどるのです。その姿は楽器の竪琴のように見えるといいます。そのため、日本ではコトドリのことを「琴鳥」と書くようになったそうです。

親愛の時期
　決まった繁殖時期はない

親愛のとくちょう
　性成熟する年齢は不明

♥名前：コトドリ
♥生息地：オーストラリアの東部にある森林地帯など
♥大きさ：全長80cm〜100cm
♥分類：鳥類

ラブラブ度 ♥♥

セイキョウのオスは愛のタップダンスをおどる！

タップダンスを踊るのはなんで？

セイキチョウは、鳥のなかではめずらしく、オスとメスの両方が異性にプロポーズします。気になる相手を見つけると、巣の材料になる木の枝などをくわえて2羽でタップダンスをおどったり、さえずったりしてアピールするのです。タップダンスは相手の気をひく以外に、地面をけったときの音で相手に自分の健康状態を伝える役割もあると考えられています。

ちなみにこのタップダンスは、人間にはジャンプしているようにしか見えません。セイキチョウの動きがあまりにも速すぎて人間の目では追いきれないのです。

親愛の時期
決まった繁殖時期はない

親愛のとくちょう
性成熟する年齢は不明

- ♥名前：セイキチョウ
- ♥生息地：アフリカのサバンナなど
- ♥大きさ：全長 12cm〜13cm
- ♥分類：鳥類

第3章 アピールで恋する　　　　　　　　　　　　　　　　　　　　　ラブラブ度 ♥

ノガンのオスは告白前に
体のなかからキレイにする

お腹のなかから
キレイになろう！

じ〜っ　　　　　　　　　　　　　　　　　　　　　　　　じ〜っ

毒をもった虫を食べていいことがあるの？

ノガンのオスたちは、胸やお尻にある真っ白な羽毛を見せたり、ノドにある袋に空気をおくって首のひふをふくらませ、メスにアピールします。しかしメスは、オスの羽毛やノドにある袋には目もくれません。このときメスが見るのは、オスの股にある「総排泄腔」という器官で、これを見てオスが健康かどうか判断するのです。そのため、オスはふだんから毒をもった虫をたくさん食べています。この虫の毒でお腹のなかにいる寄生虫を殺し、体内や総排泄腔をキレイにしておけば、メスに好かれやすいというわけです。

親愛の時期
4〜7月

親愛のとくちょう
オスは生後5〜6年、メスは2〜3年で性成熟する

♥名前：ノガン
♥生息地：ヨーロッパやアジアの草原地帯など
♥大きさ：全長80cm〜100cm
♥分類：鳥類

ラブラブ度 ♥♥

恋をするパンサーカメレオンは体の色が変わる！

「好きだよ！」

「照れちゃう!!!」

そのときの気分で体の色が変わるの？

パンサーカメレオンは、まわりの景色や明るさによって体の色が変わります。さらに、そのときの気分によっても色が変わることもあるそうです。たとえばオスの場合は、ほかのオスと戦うとき、体の色が黄色や赤色に変わり、戦いに負けると茶色になります。これで「まいった、おれの負けだ！」という気分が相手に伝わるのです。また、オスは異性に求愛するときも体の色が変わります。オスは体の色が赤や緑に変わったり、メスに軽くタッチしたり、ゆらゆらと動いてみたりして、相手の気をひくのです。

親愛の時期
決まった繁殖時期はない

親愛のとくちょう
性成熟する年齢は不明

- ♥名前：パンサーカメレオン
- ♥生息地：マダガスカルの北部にある森林地帯など
- ♥大きさ：全長30cm〜50cm
- ♥分類：は虫類

100

第3章 アピールで恋する　　　　　　　　　　　　　　　　　　　ラブラブ度 ♥

アノールのノドについている
大きな袋はできる男の証

おれたち恋人募集中！

アノールがもっている袋はどうやって使うの？

アノールはトカゲの仲間で、いろいろな種類がいます。日本では小笠原諸島などに侵入してきたグリーンアノールが有名です。

大人のグリーンアノールのオスは、ノドの下にデュラップという袋のような皮膚をもっています。これはオスの優秀さを示すもので、メスにプロポーズするとき必要になります。グリーンアノールのオスたちは、デュラップを膨らませて「おれはできる男だぞ！」と、メスにアピールするのです。求愛されたメスは、オスのナワバリにいっしょにすみ、やがて子どもを産みます。

親愛の時期
3〜9月

親愛のとくちょう
生後1年ほどで性成熟する

- ♥名前：アノール
- ♥生息地：北アメリカの南東部やキューバにある森林地帯など
- ♥大きさ：全長15cm〜20cm
- ♥分類：は虫類

ラブラブ度 ♥♥

インドハナガエルのオスは地面のなかでプロポーズ

うわ、びっくりした

地面のなかで鳴いてメスを呼ぶの？

インドハナガエルは、1年のほとんどを地面のなかで過ごす、かなりめずらしいカエルです。彼らはスコップのようなかたい手で地面を掘って巣を作るのですが、ときには3メートル以上も地面を掘るそうです。

ひきこもりがちなインドハナガエルですが、繁殖期になるとメスと交尾するために地上に出てきます。そして川の近くのやわらかい砂地にもぐり、何度も鳴いてメスを呼びます。これにこたえるようにメスがやって来たら、オスはいっしょに川のなかに入り、交尾をするのです。

親愛の時期
6〜9月

親愛のとくちょう
性成熟する年齢は不明

♥名前：インドハナガエル
♥生息地：インドにある山岳地帯など
♥大きさ：全長5cm〜9cm
♥分類：両生類

102

第3章 アピールで恋する　　　　　　　　　　　　　　　　　　　　ラブラブ度 ❤

ミヤケテグリは背ビレで気持ちをアピール

ボクの背ビレ見とれちゃうでしょ？

キレイな背ビレが求愛の役に立つの？

ミヤケテグリのオスは、背中に大きな背ビレをもっています。目玉模様が描かれた背ビレはすごくキレイで、海のなかではとても目立つはずです。それをわかっているのか、オスはこの背ビレを使ってメスの気をひこうとします。オスはメスを見つけたら、すーっと近づいて自分の背ビレを大きく広げます。あまりにもきれいなのでメスはうっとりし、オスの求愛を受け入れるのでしょう。

ちなみに、日本の三宅島で見つかったため、ミヤケテグリと呼ばれていますが、この魚は沖縄諸島の海にもすんでいるそうです。

親愛の時期
決まった繁殖時期はない

親愛のとくちょう
性成熟する年齢は不明

❤名前：ミヤケテグリ
❤生息地：伊豆諸島や沖縄諸島などの岩礁域
❤大きさ：全長6cm〜7cm
❤分類：魚類

ラブラブ度 ♥♥

モーニング・カトルフィッシュの オスは変身でライバルを出しぬく！

第3章 アピールで恋する

オスはなんで体の半分の模様を変えるの？

モーニング・カトルフィッシュは浅い海にすむイカの仲間で、体の色を自在に変えることができます。色を変えるのは仲間と交流したり敵の目からのがれるためですが、繁殖期にもこの能力を使っておもしろいプロポーズをします。
繁殖期のオスは体の色をしま模様に変えてメスにアピールするのですが、近くにほかのオスがいると、なんとほかのオスから見える方だけをメスの体と同じ色に変えて、ライバルの目をごまかしながらメスにアピールするのです。ライバルをだまして恋を成功させようなんて、とてもしたたかですね。

おっイイ女!!

オス

親愛の時期
繁殖時期は不明

親愛のとくちょう
性成熟する年齢は不明

♥名前：モーニング・カトルフィッシュ
♥生息地：オーストラリア
♥大きさ：全長20cm～30cm
♥分類：頭足類

105

ラブラブ度 ♥♥

タコはじまんの吸盤で愛を吸い付ける

どうだい？大きな吸盤だろう？

まあすごい!!

うでがないと子どもが作れないの？

タコには8本のうでがありますが、このうち1本は「交接腕」というトクベツななうでで、子どもを作るときに必要になります。恋がしたいタコのオスは、メスに近づいて吸盤を見せるようにうでをふってアピール。メスが逃げずにオスを受け入れたら、交接腕をメスの体内にさして子どもを作るのです。ただ、ミズダコなどの一部のタコは、子どもを産むとすぐに死んでしまうそうです。ふだんタコはひとりで生活しているので、夫婦ですごせる時間はごくわずかということになります。なんとも悲しい生き物ですね。

親愛の時期
決まった繁殖時期はない

親愛のとくちょう
種類によってちがうが、早いものでは生後1年ほどで性成熟する

♥名前：タコ
♥生息地：世界各地の海
♥大きさ：種類によって変わる
♥分類：頭足類

第3章 アピールで恋する　　　　　　　　　ラブラブ度 ♥

ゲンジボタルはお尻の光で恋の待ち合わせ場所を教える

「キミのほうがキレイだよ!!」
「まあキレイ♥」

お尻を光らせて自分の場所を教えるのかな？

ゲンジボタルはお尻にある「発光器」というものを使って光を生み出すフシギな虫です。明るいうちは木や草のかげでじっとしていますが、夜になるとかげから出てきておしりを光らせます。オスは飛びまわりながら、メスは草や木に止まったまま光ります。

暗いなかで光ったら敵に見つかるかもしれないのに、どうして光るのかというと、じつはこれがホタルのプロポーズなのです。ホタルはお尻の光で仲間と会話ができます。好きな子に告白するときも、お尻を光らせて「キミが好きだ!」と伝えるわけです。

親愛の時期
6〜7月

親愛のとくちょう
生後11か月ほどで性成熟する

♥名前：ゲンジボタル
♥生息地：日本の本州や四国などにある川
♥大きさ：全長14mm〜16mm
♥分類：昆虫類

107

女子

オスからの誘いを待っているのではなく、自分で好みの相手を探してアタックするたくましいメスたち。そんな肉食系女子たちの恋愛テクニックを紹介しましょう。

第4章 肉食系

恋がする

サーバルのメスはオスのなわばりに入って結婚相手を探す

第4章 肉食系女子が恋する

なわばりに入られてケンカにならないの？

サーバルは足が長くてスタイルがいいヤマネコの仲間です。最近ではアニメ番組に登場し、動物園でも人気者になりました。

サーバルのオスとメスは、それぞれある程度の広さのなわばりをもっています。オスとメスのなわばりは重なっており、オスはほかのオス、メスはほかのメスが入ってくることを許しませんが、オスとメスがケンカをすることはありません。繁殖期になるとメスは鳴きながら歩き回ってアピールし、気に入ったオスを誘って交尾をします。サーバルの恋愛はメスが相手を選ぶ権利をもっているのです。

親愛の時期
　決まった繁殖時期はない

親愛のとくちょう
　生後2年ほどで性成熟する

♥名前：サーバル
♥生息地：アフリカのサハラ砂漠より南の地域
♥大きさ：体長60cm〜100cm
♥分類：ほ乳類

ラブラブ度 ♥♥

ライオンのオスはメスのきげんとりと戦いに大いそがし

第4章 肉食系女子が恋する

えらそうに見えるけどオスライオンは大変なの?

「百獣の王」といわれるライオンは、アフリカでいちばん大きく強い肉食動物の王様です。

ライオンは10頭ほどのメスや子ども、若いオス2〜3頭、大人のオス2頭くらいの群れを作ります。プロポーズは発情したメスがオスの顔の前でしっぽをふって誘う形で、1日に何度も誘います。オスは群れのメス全員のお相手をつとめないといけませんし、群れをのっとろうとするほかのオスがあらわれたら命がけで戦わなければいけません。たくさんの奥さんに囲まれた生活を守るため、オスは大変な苦労をしているのです。

ほら、アンタ早く

- ♥名前:ライオン
- ♥生息地:アフリカのサハラ砂漠より南の地域、インド北西部
- ♥大きさ:体長140cm〜250cm
- ♥分類:ほ乳類

- 親愛の時期
  決まった繁殖時期はない
- 親愛のとくちょう
  オスは生後4〜6年、メスは3年ほどで性成熟する

ラブラブ度 ♥♥

ブチハイエナのメスは気に入ったお相手を選びほうだい

第4章 肉食系女子が恋する

オスは強い奥さんに頭が上がらないの？

ブチハイエナはハイエナの仲間でいちばん大きくなる種類です。

若いオスはひとりでいることもありますが、ふつうは5頭〜50頭くらいの群を作ります。オスよりメスの方が大きくて強く、メスがリーダーです。いろんななき声を使い分けて仲間と会話することが知られていて、メスが結婚相手を探すときにも「オロオロオロ」というような変わった声を出すといいます。相手を選ぶ権利はメスの方にあり、メスは何頭かのオスと交尾をして子どもを産みます。ハイエナ社会ではオスはとても立場が弱いのです。

親愛の時期
　決まった繁殖時期はない

親愛のとくちょう
　オスは生後2〜3年、メスは3〜4年で性成熟する

♥名前：ブチハイエナ
♥生息地：アフリカのサハラ砂漠より南の地域
♥大きさ：体長95cm〜180cm
♥分類：ほ乳類

タマシギのメスは恋多き女
オスはまじめなイクメン

ラブラブ度 ♥♥♥

イケメン発見!!

第4章 肉食系女子が恋する

すぐ別のオトコを探すなんてひどくない？

タマシギはハトくらいの大きさの鳥で、水辺で生活します。
繁殖期になるとメスはオスの前でつばさを広げて立てながらオスに近づいていく、求愛のダンスをします。オスがメスを気に入ってくれればカップル成立となり、前もってオスが作っていた巣にメスが卵を産みます。でも、卵を産むとメスはすぐに別のオスのところへ行って、また求愛します。卵を温めたり子どもを育てるのは、オスの役目なのです。なんだか冷たい夫婦関係にも見えますが、少しでもたくさんの子どもを育てるためにはいい方法なのでしょう。

ひえっ

親愛の時期
4〜10月

親愛のとくちょう
性成熟する年齢は不明

♥名前：タマシギ
♥生息地：日本、中国、東南アジア、インド、アフリカなど
♥大きさ：全長23cm〜28cm
♥分類：鳥類

イワヒバリのメスは群れのオスみんなにプロポーズしちゃう

第4章 肉食系女子が恋する

メスは群れのオス全員のアイドルなの？

イワヒバリはスズメよりやや大きな鳥で、高い山にすみます。

繁殖期になるとオスとメスが数羽ずつ集まって群れを作り、結婚相手を探します。アピールするのはメスのほうで、オスに近づいてお尻を向け、尾羽をふるわせるダンスでオスを誘います。メスはとても積極的で、群れのオス全員に求愛ダンスを見せます。そしてメスが卵を産むと、今度はオスたちがやってきて子育てを手伝うのです。たくさんのオスとなかよくしておいて、大変な子育てを手伝ってもらうなんて、メスのかしこさにはおどろかされますね。

親愛の時期
5～9月

親愛のとくちょう
性成熟する年齢は不明

♥名前：イワヒバリ
♥生息地：南ヨーロッパから日本を含む東アジア、北アフリカなど
♥大きさ：全長18cm
♥分類：鳥類

ラブラブ度 ♥♥

タツノオトシゴは オスが子どもを産む!?

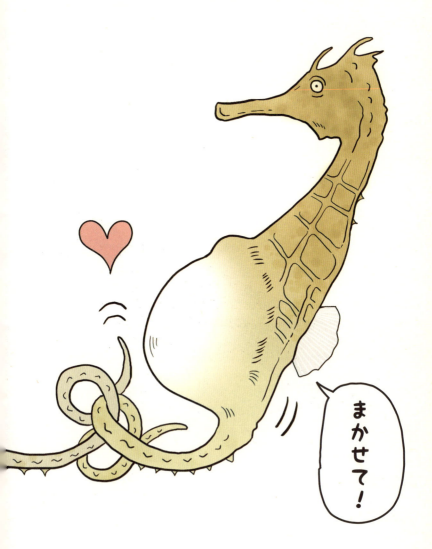

第4章 肉食系女子が恋する

オスが子どもを産むって本当はメスじゃないの？

タツノオトシゴはとてもフシギなすがたをしていますが、れっきとした魚の仲間です。

オスは繁殖期になるとメスの前で体をくねらせてメスを誘い、メスが受け入れるとしっぽをからませて回りながらダンスをおどります。こうしてなかよくなったカップルはおなかをくっつけて、オスのおなかにある袋に卵が産みつけられます。卵は袋に入っていくときに受精してオスに守られ、やがて赤ちゃんが産まれるのです。タツノオトシゴの世界では、オスはみんな卵を守るイクメンなのがあたりまえなのです。

あとは
お願いね

♥名前：：タツノオトシゴ
♥生息地：日本、朝鮮半島近くの海など
♥大きさ：全長10cm
♥分類：魚類

親愛の時期
4〜10月

親愛のとくちょう
性成熟する年齢は不明

相手に恋するあまり、力づくあるいは乱暴なやり方で迫ってしまう。もちろん人間の世界ではダメなことですが、いきもののなかにはそうした形で愛を伝えるものもいます。

第5章

激しく恋する

ラブラブ度 ♥♥

ラッコはかわいくて人気者だけど プロポーズは乱暴でドン引き

第5章 激しく恋する

繁殖期のメスはとてもたいへんなの?

ラッコは海で暮らすカワウソの仲間で、海に浮かんだままおなかの上にのせた石で貝を割って食べるしぐさがよく知られています。

そんなかわいらしいラッコですが、繁殖期のオスはちょっと乱暴です。オスはメスの鼻にかみつきながら、体をしっかりつかまえて水にもぐって交尾するのです。海の中で体が離れてしまわないためにやっていることなのですが、メスは鼻をケガして食べものが食べられなくなることも。毎年こんなプロポーズをされて、メスはよくオスを嫌いにならないものだと、ちょっと感心しますね。

親愛の時期
3〜4月

親愛のとくちょう
オスは生後3年半〜4年、メスは2年半〜3年で性成熟する

♥名前:ラッコ
♥生息地:カナダ、アメリカ、日本(千島列島)などの太平洋沿岸
♥大きさ:体長 120cm〜145cm
♥分類:ほ乳類

ラブラブ度 ♥♥

アカミミガメのオスはメスの顔をビンタして愛を確かめる

第5章 激しく恋する

顔をたたかれても メスはおこらないの？

アカミミガメは子どものころは体が緑色をしているので、ミドリガメとよばれることもあります。オスの手のツメはとても長くのびています。これをプロポーズするときにも使います。繁殖期のオスはメスの顔の前に手をのばし、プルプルとツメをふるわせて求愛します。このときツメがメスの顔をバシバシたたくことがありますが、オスはおかまいなしです。メスが動きを止めてくれれば、めでたくカップル成立となりますが、横から見ているといやがらせをしているようにしか見えないのがざんねんなところです。

うぜ〜〜…

親愛の時期
　3〜4月、または9〜10月

親愛のとくちょう
　オスは生後4〜5年、メスは5〜8年で性成熟する

♥名前：：アカミミガメ
♥生息地：アメリカ、日本
♥大きさ：全長10cm〜28cm
♥分類：は虫類

シロワニのオスはかみついて求愛 モテる女はボロボロ

第5章 激しく恋する

メスをたくさんかんだら逃げちゃわないのかな？

シロワニは陸地に近い浅い海にすむサメです。するどい歯がならぶ口がおそろしげですが、見かけによらずおとなしいサメです。

でも、オスのプロポーズはかなり強引で、メスの体にかみつくと海底や岩に押しつけて身動きできなくして交尾をします。このため繁殖期のメスの体はキズだらけになってしまい、このキズがもとで死んでしまうこともあるといいます。

人間の世界でも、たくさんの男の人にモテる女の人は思わぬトラブルにまきこまれることがありますが、サメの世界ではめずらしいことではないようですね。

君を愛してる〜〜っ!!!

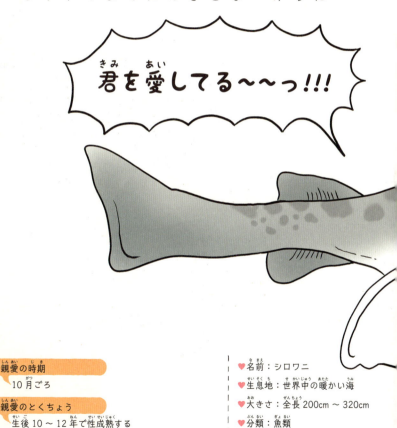

親愛の時期
　10月ごろ

親愛のとくちょう
　生後10〜12年で性成熟する

♥名前：シロワニ
♥生息地：世界中の暖かい海
♥大きさ：全長200cm〜320cm
♥分類：魚類

ラブラブ度 ♥♥

ズワイガニのオスはメスをつかんだ手でライバルをなぐる

第5章 激しく恋する

つかまれたメスはちょっとめいわく?

ズワイガニは寒い地方の深海にすむ大型のカニです。

オスとメスはふだんは別の場所にすんでいますが、繁殖期になると一箇所に集まってきて大お見合いパーティが始まります。オスはここで気に入ったメスを見つけると、ハサミでつかみあげます。これはほかのメスにアピールしたり、ほかのオスから守るためにしていることだと考えられています。でも、ほかのオスがちょっかいを出してくると、オスはメスを持った手で相手をたたいたりします。本当にメスを大事にするつもりがあるのか、あやしいところですね。

やった～!
彼女ゲット～!!

●親愛の時期
　1～3月

●親愛のとくちょう
　生後10年ほどで性成熟する

●名前:ズワイガニ
●生息地:日本海、北太平洋、オホーツク海、ベーリング海など
●大きさ:全長30cm～70cm
●分類:甲殻類

ダイオウサソリのオスはゆうがなダンスでメスを誘う

第5章 激しく恋する

ダンスしたあとにメスがおそいかかるってホント？

ダイオウサソリは大王という名前にふさわしく、世界最大の大きさをほこるサソリの王様です。

ダイオウサソリは繁殖期になるとオスがハサミでメスのハサミをつかんで、ダンスするように前後左右に歩きます。これがサソリの求愛表現です。しばらくするとオスは「精包」という赤ちゃんを作るもとになるものが入った袋を地面において離れていきます。サソリのオスはメスより小さく、もたもたしているとメスに食べられてしまうこともあります。さっきまでなかよく踊っていたのに、女心の変化はおそろしいですね。

ちょっ、ちょっと待って…!!

親愛の時期
繁殖時期は不明

親愛のとくちょう
性成熟する年齢は不明

♥名前：ダイオウサソリ
♥生息地：アフリカ中西部
♥大きさ：全長10cm〜20cm
♥分類：鋏角類

ラブラブ度 ♥♥

オオカマキリのオスにとって
求愛行動は命がけの大仕事

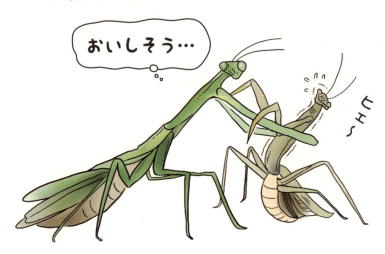

運が悪ければまるかじり オスはかわいそう？

オオカマキリは日本最大のカマキリで、ほかの虫をつかまえて食べる優れたハンターです。繁殖期になるとメスはたくさんのエモノを食べます。これが卵を産む準備です。この時期、メスにとっては、たとえプロポーズしに近づいてきたオスであってもエモノに見えてしまいます。交尾をしたあとうまく逃げられるオスもいますが、オスはメスより体が小さいので、つかまってしまったらひとたまりもありません。でも食べられたオスは卵の栄養になるわけですし、きびしいようですがムダのないしくみとも言えますね。

- 親愛の時期
  8～10月
- 親愛のとくちょう
  生後4か月ほどで性成熟する

- ♥名前：オオカマキリ
- ♥生息地：日本、中国、東南アジアなど
- ♥大きさ：全長6.5cm～9.5cm
- ♥分類：昆虫類

134

第5章 激しく恋する　　　　　　　　　　　　　　　　　　　　　　　ラブラブ度 ♥

足をさわってごきげんうかがい
クロゴケグモのプロポーズ

ぼ、ぼくとつきあってください

自分よりずっと大きいメスはこわくない？

クロゴケグモはもともとは北アメリカにすむクモですが、最近では山口県で見つかってちょっとした話題になったので、名前を聞いたことがあるかもしれません。

クロゴケグモのオスはメスより小さくやせているので、プロポーズも命がけです。メスの足に何度もさわってごきげんを確認して、受け入れてくれるようなら交尾をします。うっかりメスを怒らせるとたいへんですし、交尾が終わったあとに殺されることもあるので油断はできません。このためオスの寿命はメスよりずっと短いそうで、なんだか気の毒ですね。

♥親愛の時期
3〜5月

♥親愛のとくちょう
生後2〜9か月で性成熟する

♥名前：クロゴケグモ
♥生息地：アメリカ、カナダ
♥大きさ：体長3mm〜10mm
♥分類：鋏角類

そんな方法でどうして恋愛がうまくいくの？　最後に紹介するのは、思わず首をかしげたくなるような、ふしぎなやり方で求愛する、おもしろいいきものたちです。

第6章
フシ恋に恋する

ラブラブ度 ♥♥♥

アライグマのカップルはほとんど確実に子どもができる

あら、おたくも子だくさんね〜

第6章 フシギに恋する

毎年赤ちゃんができたら大変じゃない？

アライグマは食べものを両手でつかんで水で洗うしぐさがかわいらしく、動物園でも人気者です。

繁殖期になると、オスはメスを探して何キロも歩きまわります。そしてメスを巡って争い、大きくて強いオスが何頭ものメスと交尾します。子育てはメスがひとりでします。メスは生まれて1年で子どもを産めるようになり、2才以上のメスは毎年ほとんど確実に子どもを産みます。子どもの数は3頭〜6頭で、敵がいない場所ではすごい早さで数が増えます。今、日本では少子化が問題ですが、アライグマには関係なさそうですね。

そうなのよ〜

親愛の時期
　1〜3月、または5月

親愛のとくちょう
　オスは生後2年ほど、メスは10か月〜1年で性成熟する

♥名前：アライグマ
♥生息地：アメリカ、カナダ、メキシコなど
♥大きさ：体長40cm〜60cm
♥分類：ほ乳類

139

ニホンツキノワグマのオスはたまに返り討ちにあう

第6章 フシギに恋する

およめさん探しはとても大変なの？

ニホンツキノワグマは北海道にいるヒグマより少し体が小さく、ふつうは胸に三日月のような白いもようがあるのがとくちょうです。
　繁殖期になるとオスはメスを探して何キロも歩きまわり、やっとのことでメスに出会います。メスが逃げないでいてくれればカップル成立ですが、若いメスだとたちまち逃げられてしまいます。気をつけなければならないのは、メスが子どもを連れているときで、メスは子どもを守るために本気でこうげきしてきます。いやがる相手にせまるのは、人間でもクマでもマナー違反ということですね。

♥名前：ニホンツキノワグマ
♥生息地：日本の本州、四国
♥大きさ：全長 120cm ～ 150cm
♥分類：ほ乳類

親愛の時期
　6～8月

親愛のとくちょう
　オスは生後2～4年、メスは4年ほどで性成熟する

ラブラブ度 ♥♥

アラビアオリックスは
お互いのお尻をかぎまくる

第6章 フシギに恋する

お尻をかいだりしたらセクハラじゃない?

長くまっすぐな2本のツノがじまんのアラビアオリックスは、伝説のユニコーンのモデルになったともいわれるウシの仲間です。

オスとメスはふだんは別々にくらしていますが、繁殖期になると1頭のオスが10頭以上のメスと群れを作って結婚相手を探します。

オスはメスのおしっこやお尻のにおいをかいで、相手を探します。

メスもオスのお尻をかごうとするので、お互いにお尻を追いかけながらゆっくり回るようすが見られます。なお、人間がお尻のにおいをかごうとしたら普通は嫌われますので、まねはしないように!

親愛の時期
4〜7月

親愛のとくちょう
生後2〜2年半で性成熟する

♥名前:アラビアオリックス
♥生息地:オマーン、ヨルダン、サウジアラビアなど
♥大きさ:全長160cm〜180cm
♥分類:ほ乳類

第6章 フシギに恋する

おしっこをかけるなんてメスに失礼じゃない？

マダラアグーチは大型のネズミの仲間で、しっぽをのぞけばリスに似た姿をした生きものです。

さて、ネズミの仲間はオスが求愛の声を出してメスに愛を語る種類が多いのですが、マダラアグーチはもっと大胆な方法でプロポーズします。なんと、マダラアグーチのオスはメスの顔に自分のおしっこをひっかけるのです！ オスのおしっこには「フェロモン」という成分がふくまれていて、これによってメスの心を引きつけるのだといいます。でも、もし人間の世界でマダラアグーチのまねをしたら、完全に変質者扱いですね。

親愛の時期
決まった繁殖時期はない

親愛のとくちょう
性成熟する年齢は不明

♥名前：マダラアグーチ
♥生息地：メキシコ、コスタリカ、エクアドルなど
♥大きさ：全長40cm～60cm
♥分類：ほ乳類

145

ラブラブ度 ♥♥

命がけでほかのオスと競争する
ガーターヘビの集団結婚式

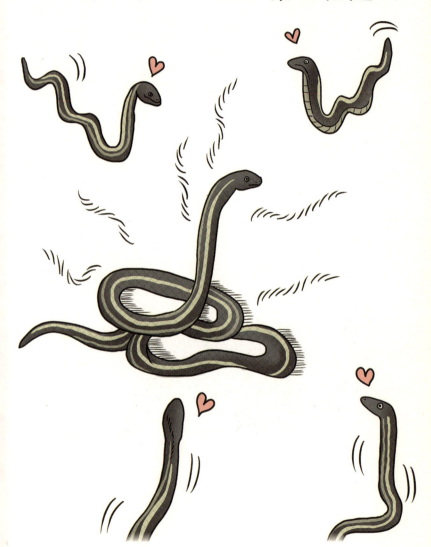

おしくらまんじゅうでヘビの体は大丈夫なの？

カナダにすむガーターヘビの仲間は、冬になると数千匹から多いときには一万匹以上が岩のわれめに集まって冬眠します。そしてあたたかくなって目覚めると、大結婚パーティが始まります。オスたちはいっせいにメスに体をまきつけてプロポーズするので、あちこちにメスを中心にしたヘビのかたまりができるのです。オスたちにとってこれは体にかかる負担がとっても大きく、メスより早く死んでしまうそうです。それでもオスは自分の子どもを産んでもらうためにいっしょうけんめいなのです。

死ぬのは
わかってるけど
ひきつけられる…

親愛の時期
5月ごろ

親愛のとくちょう
オスは生後2年ほど、メスは3年ほどで性成熟する

● 名前：ガーターヘビ
● 生息地：北アメリカの湿地帯など
● 大きさ：全長60cm～120cm
● 分類：は虫類

ラブラブ度 ♥♥♥

ビワアンコウのオスの恋の始まりは命の終わり

第6章 フシギに恋する

すべてを捧げたオスはどうなってしまうの?

ビワアンコウは頭の先にアンテナのような触手を生やした、個性的な形の深海魚です。触手の先を光らせて、エモノの魚をおびき寄せているのです。

ビワアンコウの夫婦は、とんでもなく強いきずなで結ばれています。繁殖期にオスはメスを見つけるとメスにかみつき、もうはなれません。そして目やほとんどの内臓、脳もなくなっていき、メスの体の一部になってしまうのです。まさに一心同体。オスには子どもを作る能力だけが残ります。奥さんと一生いっしょにいられるけれど、うらやましくないですね。

体が重い…

- 親愛の時期
  繁殖時期は不明
- 親愛のとくちょう
  性成熟する年齢は不明

- ♥名前:ビワアンコウ
- ♥生息地:太平洋、大西洋の深海
- ♥大きさ:全長15cm〜120cm
- ♥分類:魚類

ラブラブ度 ♥♥

ヒゲダニのメスは
自分でだんな様を産む

第6章 フシギに恋する

自分で相手を産むならメスだけでも増えるの?

ヒゲダニはとても小さな生きものので、ハチやハエなどの虫の体にくっついてあちこちに運んでもらう、ちゃっかり屋さんです。

さて、生きものが子どもを産むときには、普通はオスとメスがそろっていなければいけません。でも、ヒゲダニの仲間には、なんとオスがいなくてもメスが卵を産めるものがいるのです。メスは産まれた子どもたちを、自分の夫にします。生まれて数日の子どもたちは、このことで早く死んでしまうといいます。ちょっとかわいそうな気もしますが、これがヒゲダニ流の愛のカタチなのです。

あなたの夫になります〜♡

親愛の時期
繁殖時期は不明

親愛のとくちょう
オスは生後数日、メスは7日ほどで性成熟する

♥名前:ヒゲダニ
♥生息地:日本を含む世界中
♥大きさ:全長 0.1mm 〜 0.3mm
♥分類:鋏角類

151

結局のところ
オスもメスも
子孫を残すために
苦労しているのだ

さて、ここまでいろいろないきものの求愛行動を紹介してきましたが、感想はいかがでしょうか？　おくりもので気を引いたり、かれいなダンスで相手を誘ったり、ときには自分の命をかけて愛を語るものまで、方法はちがっても

いきものたちはみんないっしょうけんめいに求愛行動をしています。　求愛行動をするのはオスかメスのどちらかであることが多いですが、　求愛をしないほうにも自分にふさわしい相手を選んだり、　その後の子育てを任されたりと大事なお仕事が待っています。すべては自分たちの子孫を次の時代に残すため。オスもメスも、その大きな目標のために生き、力をつくしているのです。

さくいん

この本で紹介した全部で82種類のいきものたちの登場ページを、近い仲間ごとにまとめて紹介します。

【ほ乳類】

肺で呼吸し、体温を一定にたもつことができる。産まれたばかりの子どもは親と似た姿で、母親が母乳を与えて育てる。

アフリカタテガミヤマアラシ	62
アメリカビーバー	74
アライグマ	138
アラビアオリックス	142
アルパカ	58

オグロプレーリードッグ	64
カバ	76
キタキツネ	73
キリン	22
キンシコウ	28
コツメカワウソ	29
サーバル	110
ジャガー	56
シロサイ	66
ズキンアザラシ	68

154

スナネコ‥‥‥60
タヌキ‥‥‥24
ニホンツキノワグマ‥‥‥140
ハイイロオオカミ‥‥‥16
ヒグマ‥‥‥75
フェネック‥‥‥20
フェレット‥‥‥70
ブチハイエナ‥‥‥114
プレーリーハタネズミ‥‥‥30
ヘラジカ‥‥‥77
ホッキョクギツネ‥‥‥72
ボノボ‥‥‥26
マーゲイ‥‥‥71

マダラアグーチ‥‥‥144
ライオン‥‥‥112
ラッコ‥‥‥124
リカオン‥‥‥18

【鳥類】
つばさを持っていて空を飛ぶものが多いが、飛べないものもいる。肺で呼吸し、体温は一定。子どもは卵から産まれる。

アオアシカツオドリ‥‥‥86
アオアズマヤドリ‥‥‥49
アカカザリフウチョウ‥‥‥91

155

アデリーペンギン……44
アフリカオオコノハズク……93
イワトビペンギン……35
イワヒバリ……118
エミュー……95
エリマキシギ……84
カワラバト……80
キムネコウヨウジャク……48
クジャク……82
クロコンドル……38
コウテイペンギン……88
コトドリ……97
ジュウニセンフウチョウ……90

セイキチョウ……98
ダチョウ……94
タマシギ……116
トキ……42
ノガン……99
ハクトウワシ……36
ハシビロコウ……78
フンボルトペンギン……32
ホオジロガモ……89
モズ……96
ヨーロッパハチクイ……46
ロイヤルペンギン……34
ワシミミズク……92

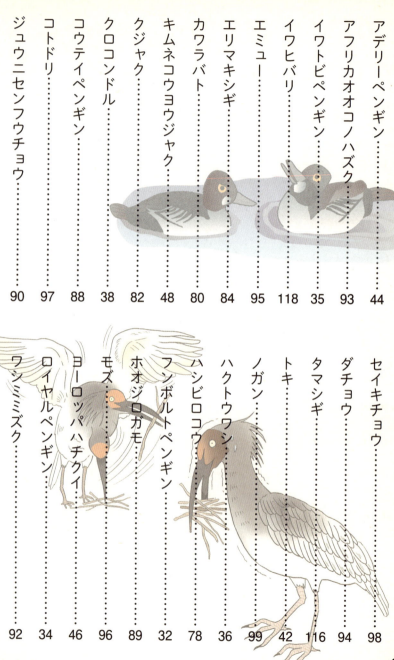

【は虫類】

肺で呼吸し、まわりの温度によって体温が変わる。子どもは卵から産まれ、親とよく似た姿をしている。

- パンサーカメレオン …… 126
- ガーターヘビ …… 101
- アノール …… 146
- アカミミガメ …… 100

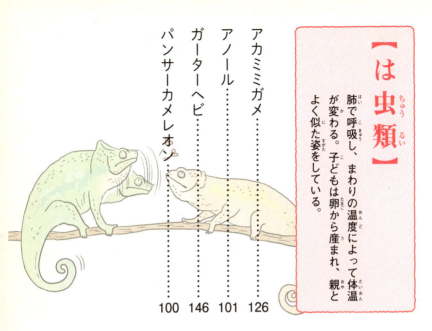

【両生類】

子どものときは水中でエラ呼吸、おとなになると肺で呼吸する。まわりの温度によって体温が変わる。卵から産まれる。

- インドハナガエル …… 102

【魚類】

ほとんどが一生を水中ですごし、エラ呼吸する。まわりの温度によって体温が変わる。多くの種類が卵から産まれる。

- アマミホシゾラフグ …… 50

イトヨ……52
シロワニ……128
タツノオトシゴ……120
ビワアンコウ……148
ミヤケテグリ……103
ロウソクギンポ……39

【昆虫類】
頭、胸、腹の3つの部分に分かれた体をもつ。足は6本あり、多くの種類は触角という器官をもつ。

オオカマキリ……134

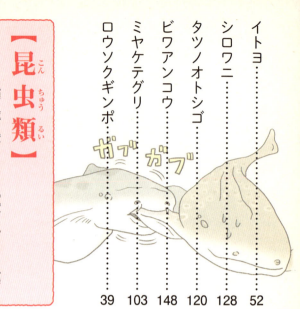

ガガンボモドキ……107
ゲンジボタル……53

【甲殻類】
ほとんどの種類が水中で生活するが、陸地にすむものもいる。エラで呼吸する。体はかたいカラでおおわれている。

ズワイガニ……130

【鋏角類】

昆虫類や甲殻類と似ているが、口元に鋏角というハサミのような器官があるのがとくちょう。足は10本ある。

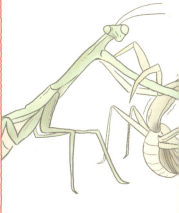

クロゴケグモ……150
ダイオウサソリ……132
ヒゲダニ……135

【頭足類】

体が頭、胴、腕に分かれており、頭から腕がはえているのが名前のゆらい。水中で生活し、エラ呼吸する。

タコ……104
モーニング・カトルフィッシュ……106

159

■ 監修者紹介

今泉忠明　いまいずみ ただあき

1944年、東京都生まれ。東京水産大学（現・東京海洋大学）卒業後、国立科学博物館でほ乳類の分類学や生態学を学ぶ。文部省（現・文部科学省）の国際生物学事業計画（IBP）調査、環境庁（現・環境省）のイリオモテヤマネコの生態調査などに参加する。その後、上野動物園の動物解説員を経て、「日本動物科学研究所」の所長を務める。おもな著書は『外来生物最悪50』（ソフトバンク・クリエイティブ）、『巣の大研究』（PHP研究所）、『図解雑いいネコには謎がある』講談社、『動物の学校(2)猫かわ学最新ネコの心理』（ナツメ社）などがある。

■ 参考文献

『IUCN レッドリスト 世界の絶滅危惧生物図鑑』岩槻邦男、太田英利・翻訳／丸善出版　『驚くべき世界の野生動物生態図鑑』スミソニアン協会、小菅正夫・監修／黒輪篤嗣・翻訳／日東書院本社　『消えゆく野生動物たち』子供の科学編集部・編集／誠文堂新光社　『図解雑学 誰も知らない動物の見かた』今泉忠明・著／ナツメ社　『世界哺乳類図鑑』ジュリエット・クラットン=ブロック、ダシ・E.ウィルソン・著／渡辺健太郎・翻訳／新樹社　『動物』川田伸一郎・監修／ポプラ社　『動物のくらし』今泉忠明、鳥羽通久、小宮輝之・著／学研マーケティング　『ふしぎな世界を見てみよう！すごい動物 大図鑑』下平滋隆・監修／高橋書店　『目立ちたがり屋の鳥たち 面白い鳥の行動生態』江口和洋・著／東海大学出版部　『両生類・爬虫類』西川完途、森哲・監修／ポプラ社　『NATIONAL GEOGRAPHIC 日本版サイト（http://natgeo.nikkeibp.co.jp/）』

そのほか、多くの書籍、Webサイトを参考にさせていただいております。

企画・編集・構成	株式会社ライブ
執筆	松本英朗／中村仁嗣／林政和 竹之内大輔／花倉渚／山﨑香弥
イラスト	蟹めんま／松岡正記／小林哲也
装丁	鈴木成一デザイン室
本文デザイン	貞末浩子
DTP	株式会社ライブ

恋するいきもの図鑑

発 行 日	2018年2月20日　初版
監　　修	今泉忠明
発 行 人	坪井義哉
発 行 所	株式会社カンゼン 〒101-0021 東京都千代田区外神田2-7-1 開花ビル TEL 03（5295）7723 FAX 03（5295）7725 http://www.kanzen.jp/ 郵便為替 00150-7-130339
印刷・製本	株式会社シナノ

万一、落丁、乱丁などがありましたら、お取り替え致します。

本書の写真、記事、データの無断転載、複写、放映は、著作権の侵害となり、禁じております。

© Live 2018
ISBN 978-4-86255-445-1
Printed in Japan

定価はカバーに表示してあります。

本書に関するご意見、ご感想に関しましては、kanso@kanzen.jp までEメールにてお寄せください。お待ちしております。